„‚Führung im Vertrieb' ist klar, strukturiert und vor allem
von einem echten Profi geschrieben. Mit diesem Buch
schafft Andreas Buhr es, seine Erfahrung an Vertriebsleiter spürbar und sofort umsetzbar weiterzugeben."

Thomas Timmermanns, BMW AG

„Ein Buch für jeden Unternehmer und jeden
Vertriebsverantwortlichen! ‚Führung im Vertrieb'
ist eine Praxisanleitung für Erfolg im Vertrieb!"

Georg Broich, Unternehmer

„Für einen erfolgreichen, ergebnisorientierten Vertrieb
ist gute Führung heute wichtiger denn je. Andreas Buhr
schafft es auf begeisternde und mitreißende Art,
praxisnahe und anwendbare Inhalte so zu vermitteln,
dass nachhaltige ‚Führung im Vertrieb' gelingt."

Henning Riecken, Peek & Cloppenburg KG
Bereichsleiter Verkauf und Mitglied der Geschäftsführung

„Von allen Optimierungsreserven im Vertrieb hat die
Führung das größte Potenzial. Dazu liefert Andreas
Buhr mit diesem Buch eine Steilvorlage: Wissen wie's
geht in klar beschriebenen Praxis-Bausteinen!"

Prof. Dr. Dirk Zupancic, President, Professor of Industrial Marketing &
Sales, German Graduate School of Management and Law

„Ein Grundlagenwerk, das jeder Führungskraft
im Vertrieb nützlich ist."

... schreibt die acquisa, das führende Fachmagazin
für Dialogmarketing & E-Commerce

W0179118

Andreas Buhr

Führung im Vertrieb

7 **Schritte** zur einfachen Vertriebsführung

ip inside partner

Die Deutsche Bibliothek – CIP-Einheitsaufnahme

Buhr, Andreas:
Führung im Vertrieb – 7 Schritte zur einfachen Vertriebsführung

inside partner Verlag und Agentur GmbH, Legden, 2014
ISBN: 978-3-9812749-4-3

Herausgeber: inside partner Verlag und Agentur GmbH,
Am Bahndamm 9, 48739 Legden, www.inside-partner.de

Layout, Satz, Druck: inside partner Verlag und Agentur GmbH

Redaktion und Gesamtproduktion:
text-ur text- und relations agentur Dr. Gierke,
Köln, www.text-ur.de

1. Auflage 2014

© 2014 by inside partner Verlag und Agentur GmbH

Mehr zum Buch:
www.führung-vertrieb.com

ISBN: 978-3-9812749-4-3
Printed in Germany

INHALT

INHALT

KAPITEL 1   33

So finden Sie die richtigen Mitarbeiter:
Recruiting 3.0

KAPITEL 2   79

So arbeiten Sie neue Mitarbeiter richtig ein:
Onboarding

Kapitel 3   107

**So stellen Sie gute Teams zusammen:
Teaming**

Kapitel 4   135

**So führen Sie punktgenau und messbar:
Erfolgsziele**

GELEITWORT

Nepal, im April 2014

„Das Wichtigste in der Führung ist für mich,
bei Menschen die Erlaubnis zu entwickeln,
mir vertrauen zu können …"

Ein paar persönliche Worte vorweg: Ich hatte die Entscheidung, wieder nach Nepal auf das Dach der Welt zu kommen, schon in 2010 getroffen. Damals in Glumarg mit Blick auf den Nangar Parbat.

Die Berge haben was Magisches für mich. Sie strahlen Souveränität, Klarheit, Orientierung und Stärke aus. Sie haben etwas Endgültiges. „Wenn Du es dieses Jahr nicht schaffst, Andreas, dann komm' einfach wieder. Die Berge sind immer noch da!" Diesen Satz habe ich mir gemerkt. Hat was, oder? Die Botschaft dahinter ist klar. Sei nicht zu verbissen, genieße und bleib bei Dir! Inspiriert von meinem Freund und Kollegen Steve Kroeger habe ich mich einer Expedition zum Basecamp des Mt. Everest angeschlossen. Schon 2012 hatten wir den Termin dafür gemacht. Immerhin dauert das 4 Wochen. „Und es passt ja nie!" Prima war es, und die Erfahrung werde ich noch an anderer Stelle, in Vorträgen und Veranstaltungen, weitergeben können. Was mich besonders beeindruckt hat, ist diese vorbehaltlose Hilfsbereitschaft der Bevölkerung dort. Dieser Respekt, mit dem die Nepalesen Anderen begegnen. Meinen Sherpas, Lakpa Rita und Tensing habe ich viel zu verdanken, der ganzen Gruppe der „Climbers" und auch der phantastischen Bergwelt. Es gibt dort Plätze, die so paradiesisch sind, dass sie für die Schöpfung der Welt als Vorlage gedient haben könnte. Die Kernaussage, sozusagen die Überschrift hier und auch der Leitgedanke für dieses Buch, entstammen einem Interview, das ich mit dem Bergführer Michael Horst im Basecamp des Everest geführt habe. Und ich gebe zu, eine solche Aussage zum Thema Führung hatte ich noch nicht gehört. Sie inspiriert mich, meine besten Erfahrungen zu diesem Thema in dieses Buch zu packen. Dieses Buch soll denen helfen und diejenigen inspirieren, die in der Führung von Verkäufern täglich gefordert sind. Und das ist wie Bergsteigen: Den Gipfel, also das Ziel im Blick haben, und trotzdem auf den jeweiligen

nächsten Schritt achten, das nächste Gespräch im Fokus haben. Beides ist wichtig, wenn es um Führung im Vertrieb geht. Jetzt möchte ich mit diesem Buch bei Ihnen die Erlaubnis entwickeln, mir vertrauen zu können ...

Ihr Andreas Buhr

ES GEHT UM SIE!

Sie haben jahrelang an Ihrer Karriere im Vertrieb gearbeitet. Mit Spaß Herausforderungen angenommen. Sie haben Erfolge verbucht. Sind von Kollegen immer wieder angesprochen worden, wie Sie Kunden gewinnen, wie Sie überzeugen können. Sie sind vielleicht sogar gefragt worden, was genau Ihr Erfolgsrezept ist. Sie haben beachtliche Umsätze erzielt, die auch Ihren Führungskräften nicht verborgen geblieben sind. Und Sie finden sich auf einmal im Gespräch mit dem Chef der Personalabteilung, oder besser noch mit dem Chef des Unternehmens wieder, der Ihnen die Führung der Vertriebsabteilung anvertrauen möchte.

Oder aber Sie haben selbst ein gut laufendes Business aufgebaut, das jetzt noch eines braucht: einen besseren Vertrieb. Mehr und richtig gute Vertriebsmitarbeiter. Und damit brauchen Sie auch: eine gute Vertriebsstruktur und effektive, einfache Tools zum Vertriebsaufbau und erprobte Strategien zur Vertriebsführung. Kurz: Sie brauchen ein einfaches „1 mal 1 der Vertriebsführung", das Ihnen in allen Arbeitsphasen und -bereichen mit Praxiswissen und nützlichen Tools zur Hand ist. Eine Anleitung für Führung im Vertrieb, eine Anleitung für mehr Umsatz! Und genau das liefert Ihnen dieses Buch!

Von der Selbstführung zur Führungspersönlichkeit im Vertrieb

Sich selbst führen – das können Sie. Das haben Sie gezeigt. Aber andere führen? Ehemalige Kollegen und neue Mitarbeiter zu Bestleistungen animieren? Und dies kontinuierlich?

Wenn Sie diese Situation kennen, sich vielleicht gerade darin befinden, möchte ich Ihnen ein Geheimnis verraten, das eigentlich keines ist: Vertrieb ist kein Hexenwerk, und das Führen von Verkäufern ist es ebenso nicht! Die erste, wesentliche Herausforderung haben Sie bereits angenommen: Sich selbst zu führen. Ihre eigenen Ziele zu verfolgen und dabei Ihren Werten treu bleiben. Der nächste konsequente Karriereschritt ist es nun, neue Verantwortung zu übernehmen. Für sich, Ihr Team und das gesamte Unternehmen. Denn was Sie als künftige Führungskraft entscheiden, hat weitreichende Folgen für alle.

Dieses Buch wird Ihnen dabei helfen. Es richtet sich an alle, die vor der Aufgabe stehen, die Vertriebsleitung in einem Unternehmen zu übernehmen, zu etablieren und zu entwickeln! Aufgebaut als Handbuch mit zahlreichen Tipps aus der Praxis unterstützt es Sie – ausgehend von der aktuellen Marktsituation und den neuen Anforderungen der Kunden 3.0 im B2B- und B2C-Segment – beim Aufbau, beim Ausbau, in der Führung und der Entwicklung von Teams im Vertrieb!

Reproduzierbares Können: Aufbau und Führung einer Vertriebsstruktur in sieben Schritten

Dazu folgt das Buch in einzelnen, leicht nachvollziehbaren Schritten den wesentlichen Aufgabengebieten bei Aufbau und Führung Ihres Teams – angefangen bei der Rekrutierung neuer Vertriebsmitarbeiter über das Onboarding, dem Zusammenstellen funktionierender Vertriebs-Teams Außen- und Innendienst bis hin zur Lösung von Konflikten im Team. Auch den Themen „Festlegung von Vertriebszielen", „Vertriebskennzahlen und deren Controlling", „Teamspirit und Motivation" sowie den wichtigen – und immer wieder in der Praxis so schwierig scheinenden – Führungs- und Mitarbeitergesprächen wird ausreichend Platz eingeräumt. Damit haben Sie ein Kompendium, das Sie immer wieder zur Hand nehmen können, wenn Sie sich der einen oder anderen Aufgabe vertieft widmen wollen.

Kurz zum Aufbau dieses Buches: Am Anfang jedes Kapitels gebe ich Ihnen eine kurze Übersicht, WAS in dem spezifischen Arbeitsbereich der Vertriebsführung, um die es jeweils im Folgenden gehen wird, zu tun ist, WARUM die Aufgaben (so) zu erledigen sind und WIE genau es zu tun ist. Getreu meinem Motto: Das Richtige zum richtigen Zeitpunkt richtig, konsequent und oft genug tun.

Am Ende jedes Kapitels werden Sie im Fazit aufgefordert, eine Stichwortliste anzulegen, um zu notieren, um welche Aufgaben, Tools oder Strukturen Sie sich künftig noch besser kümmern wollen – oder einfach, was Ihnen besonders wichtig ist und wo Sie weiterdenken oder -arbeiten wollen.

Checklisten und Formulare in jedem Kapitel helfen Ihnen dabei, Ihren Vertriebsführungsaufgaben leichter nachzukommen und sind nützlich zur Strukturierung Ihrer Tätigkeiten. Sie erkennen diese downloadbaren Checklisten und Formulare am nebenstehenden Zeichen.

Diese Checklisten können Sie auf der Website zum Buch www.führung-vertrieb.com kostenlos herunterladen. Das Passwort dafür lautet: Vertriebsführung.

Schließlich finden Sie an manchen Stellen im Buch noch QR-Codes, die Sie mit Ihrem Smartphone scannen können: Diese leiten Sie zu weiterführenden Informationen, Quellen und Medien durch, die nützlich für Ihre Weiterentwicklung als Führungskraft sein können.

Vertriebsführung: Komplexe Aufgabenstruktur

Denn die Aufgaben, die auf Sie in der Vertriebsführung warten, sind umfangreich und verlangen Ihr ständiges Dazulernen. Zum einen ändern sich wirtschaftliche Außenbedingungen, in manchen Branchen auch rechtliche Regularien, ständig. Zum zweiten ändern sich Märkte und Trends – und auch die Kunden an sich: Mit dem „Kunden 3.0" haben Sie in der Vertriebsleitung mit einer neuen Kundengeneration zu tun, die Sie vor mehr Herausforderungen stellt als je zuvor. Dazu mehr im folgenden Kapitel „Einleitung". Und das ist nur die sich ständig entwickelnde Basis für Ihre originären Führungs-Aufgaben von der Entwicklung der Vertriebsstrategie und Kundenstrategie, Kundensegmentierung und Kundenselektion über Auswahl der Vertriebsmitarbeiter, Einarbeitung, Führung, Training, Coaching und Begleitung zum Kunden. Der Aufbau von Vertriebsprozessen, inklusive der notwendigen Kennzahlen zur Steuerung im Vertrieb, das Etablieren von Systemen und die Einführung und Aktualisierung von Tools wie Customer Relations Management-Systemen (CRM), allesamt Dinge, die zum Aufgabenprofil der Führungskräfte im Vertrieb dazu gehören. Einen Überblick finden Sie im Modell der nebenstehenden Abbildung. Dazu kommen im „mitarbeiterzentrierten Modell" die Aufgaben des Recruitings, der richtigen Mitarbeiterauswahl, -ausbildung und -entwicklung sowie -führung.

Egal, ob Sie vom „Kollegen zum Chef", also vom Verkäufer zur Führungskraft befördert werden oder ob Sie Ihren eigenen Vertrieb aufbauen wollen: Sie werden Führungsaufgaben und Managementaufgaben zu lösen haben. Führung bedeutet, dass Sie die richtigen Dinge tun. Auf Basis ethischer Werte, moralischer Ansprüche, einer unternehmerischen Vision und

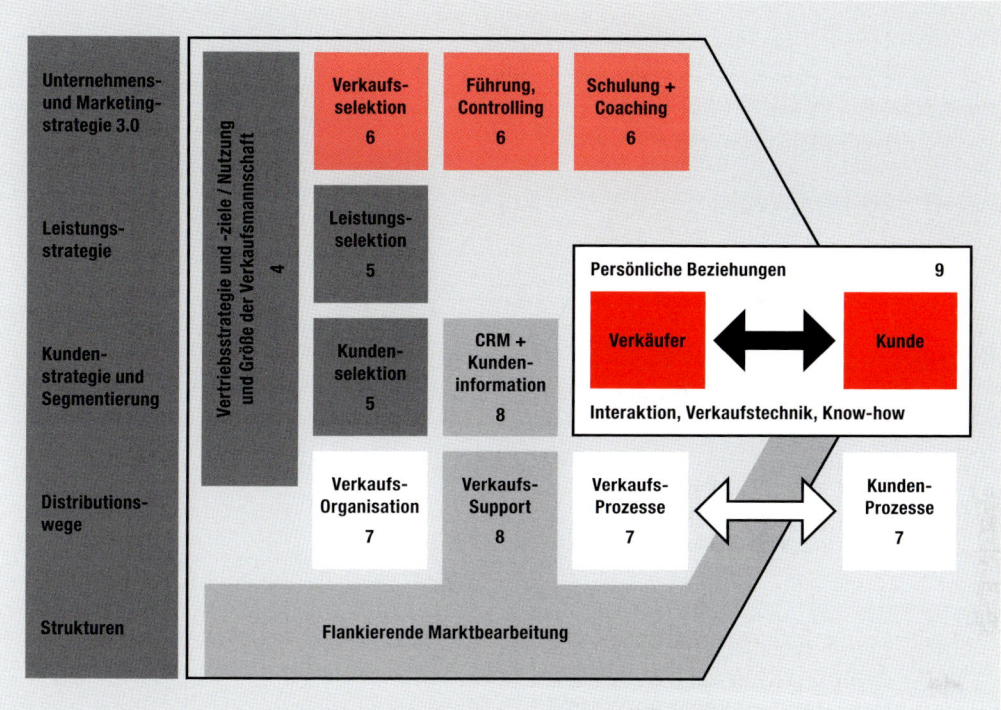

Abb: Aufgaben der Vertriebsleitung: Aufgaben in einem „marktzentrierten Modell".
(Quelle: Nach: Belz: Stark im Vertrieb, S. 3)

einer wirtschaftlichen Erfolgsmission. Und Management bedeutet, dass Sie Dinge richtig tun: Mit der Festlegung von Zielen und Vertriebskennzahlen, mit Administration und Regelkommunikation.

Führung und Management: Beides hat seine Bedeutung auch hier. Beides ist wichtig. Draußen im Markt beim Kunden und Drinnen im Office. Das eine bedingt das andere!

Wenn Sie sich an den Tipps in diesem Buch orientieren, sich auf Ihre Stärke und Ihre Werte besinnen, werden Sie schnell entdecken, dass

Führung im Vertrieb nicht nur Verantwortung bedeutet, sondern dass Führung im Vertrieb Spaß macht, dass Erfolge hier etwas sehr schönes sind, etwas, das unvergessen bleibt. Für ihre Mannschaft und für Sie selbst! Dabei wünscht Ihnen viel Erfolg

Ihr Andreas Buhr

EINLEITUNG

Der Markt 3.0 – Ihre Herausforderung

Deutschland ist weltweit die viertgrößte Volkswirtschaft. Unter den europäischen Ländern sind wir sogar die Nummer 1. Deutsche Unternehmen waren über mehrere Jahre Exportweltmeister und haben noch immer einen ausgeprägten Außenhandel. Zu unseren wichtigsten Handelspartnern zählen Frankreich und die USA, Großbritannien, Niederlande und China. In diese Länder exportieren wir unsere Waren. Und obwohl sich die Krisen in Griechenland und Spanien auch auf Deutschland ausgewirkt haben, entspannt sich die wirtschaftliche Situation wieder, nimmt die Wirtschaft Europas und Deutschlands erneut an Fahrt auf. Denn trotz Krise wird in Europa weiter kräftig konsumiert.

Gute Nachrichten also für den Vertrieb? Ja – und Nein. Denn ganz so einfach ist es nicht. Märkte ändern sich, sind in Bewegung. Und damit auch die Rahmenbedingungen für den Vertrieb. Einfach weiter so wie vor der Krise – das klappt nicht. Vor allem nicht in der Führung der Vertriebsmitarbeiter. Denn Ihr Team will auf die neuen Aufgaben, die neuen Rahmenbedingungen vorbereitet werden. Braucht ein Vorbild, einen Ratgeber und einen Kompass. Es braucht Sie als Führungskraft, um erfolgreich zu sein.

Beispiel demographischer Wandel: Immer weniger Kinder kommen zur Welt. Gleichzeitig steigt die Lebenserwartung. Eltern erleben die Pensionierung ihrer Kinder! Anders als unsere Großeltern zieht sich die Generation der 60+ jedoch nicht in den Ruhestand zurück – sie bleibt aktiv. Sie ist informiert und weiß Bescheid! Sie reist, studiert, genießt Sport und Kultur. Und dies bis ins hohe Alter. Für Sie bedeutet das: Ihre Kunden werden älter – ganz gleich, ob Sie Textilien, Elektronikgeräte, Baumaschinen, Dienstleistungen oder Finanzprodukte verkaufen. Ob Sie Reiseanbieter oder Autoverkäufer sind. Um diese Kundschaft zu erreichen, sind neue Wege, neue Formen der Ansprache gefragt.

Und dies ist nur einer von vielen sogenannten Megatrends, die sich auf den Markt und damit auf Ihr Geschäft auswirken. Und damit auf die Herausforderungen, die Sie und Ihr Team täglich zu bewältigen haben. Denn mit der Globalisierung, der Digitalisierung unseres Lebens und dem steigenden Bewusstsein für nachhaltigen Konsum ändern sich nicht nur die Möglichkeiten und die Märkte. Es findet ein rasantes Umdenken bei den Verbrauchern statt. Sie informieren sich per Social Media über Produkte, Unternehmen und ihr Image. Holen Preisvergleiche ein. Gleichen Lebensdauer, technische Features und Kundenservice ab. Befragen Ihr persönliches Netzwerk und erhalten Empfehlungen. Sie freuen sich öffentlich bei Facebook, Pinterest und Twitter über neue Kleidung, Taschen, Töpfe, das gute Essen beim Italiener oder die gute Beratung. Stellen Videos bei YouTube ein, die minutiös zeigen, wie sie ein neues elektronisches Gadget auspacken oder über welche Features im Einzelnen ihre Neuerwerbung verfügt. Unbezahlbare – und unbezahlte – Werbung, eigentlich. Genauso öffentlich ärgern sie sich aber auch über schlechten Service, schleppende Antworten auf Kundenanfragen oder Produkte, die die Erwartungen nicht erfüllt haben. Dienstleistungen, die enttäuscht haben. Selbst über einzelne Vertriebsmitarbeiter oder Verkäufer, die sich nach Meinung der Kunden nicht gerade mit Ruhm bekleckert haben.

Der Kunde 3.0 – der neue Experte

Der Kunde 3.0, wie ich ihn nenne, ist der neue Experte. Er verlangt oft die Quadratur des Kreises: einerseits einen möglichst preisgünstigen Einkauf – wobei er sein Marktwissen und seine Vergleichsmöglichkeiten ausspielt – andererseits hat er höchste Anforderungen an Qualität, Image, Service und oft auch die Produktionsbedingungen. Wobei der kritische und interessierte Kunde hier unter den richtigen Umständen allerdings dann doch bereit ist, viel tiefer in die Tasche zu greifen: Nämlich 1. Wenn die Produkte nicht nur einen emotionalen, sondern auch einen ethischen Mehrwert mitbringen: Wenn sie dem Käufer das gute Gefühl geben, nicht nur etwas gekauft zu haben, sondern damit auch bestimmte Werte, die ihm wichtig sind – etwa ökologische oder regionale Produktion, faire Produktions- und Handelsbedingungen, erwiesene Nachhaltigkeit – zu unterstützen. 2. Für Produkte seiner absoluten Lieblingsmarken, deren Image und Markenwerte er auf sich übertragen will. 3. Für Produkte, die er selbst mitgestalten, konfigurieren kann, so dass sie quasi einzigartig werden. „Produktpersönlichkeiten", die in Auflage eins hergestellt werden.

Auf diese Anforderungen müssen Sie, muss Ihr Team vorbereitet sein. Der klassische Verkäufer der 80er, 90er Jahre, aber auch der 2000er Jahre ist passé. Der Kunde ist vom Konsumenten zum Gestalter, zum Experten geworden. Ihm steht der weltweite Markt offen. Er kann privat in Hongkong einkaufen, ohne das Haus zu verlassen. Sich Mode aus Spanien ordern. Oder sich im 3D-Druck individuelle Schmuckstücke und Geschenke für die Lieben herstellen lassen.

Und er steht im ständigen Trommelfeuer immer neuer Produkte und Dienstleistungen: In Fernsehen und Radio, auf Videoplattformen und in Blogs, in Mailings und E-Mails, in Zeitschriften und Zeitungen, im Internet, auf seinem Smartphone und Tablet, über Messenger, in fast jeder kostenfreien App. Klar ist: Ihr Wettbewerb nutzt alle Kanäle, um Ihren (potenziellen) Kunden von sich und seinen Produkten zu überzeugen. Verstärkt wird dieser Wettbewerb durch „elektronische Kollegen": Mit Targeting erhalten Verbraucher täglich Produktempfehlungen, die ihren Suchanfragen bei Google und Co. entsprechen. Werden immer wieder an die Produkte erinnert, die sie sich bei Ihrem Wettbewerber angesehen haben – und dies zum Teil auch noch Wochen nach dem Besuch der entsprechenden Website. Dank der Analyse der Cookies weiß der Computer mehr über Ihren Kunden, sein Surfverhalten und seine Interessen, als Sie – und er – ahnen. Damit ist er Ihnen einen entscheidenden Schritt voraus. Denn dieses Wissen über den Kunden müssen Ihre Mitarbeiter mühsam aufbauen. Müssen wissen, wo und wie sie die Informationen – im Einklang mit den rechtlichen Rahmenbedingungen – finden und auswerten. Sie müssen den Kunden zum richtigen Zeitpunkt mit dem richtigen Angebot ansprechen, sein Interesse wecken und überzeugen.

Dabei ist der Kunde 3.0 nicht nur anspruchsvoller als früher – er ist auch sehr viel besser informiert. Er hat ganz andere Fragen zu Materialien, Herkunft und Verarbeitung als in den Jahren zuvor. Ihn interessiert nicht nur der Preis eines Produktes sondern auch, welchen Lohn die Arbeiter für die Herstellung erhalten haben. Der Kunde 3.0 stellt bessere Fragen, er fordert damit den Verkäufer heraus. Er fordert das Management, das Unternehmen auf einer anderen Ebene. Das ist ein Paradigmenwechsel! Der neue Kunde möchte ein faires Angebot – und das in jeder Hinsicht. Er möchte sich und seine Werte wiederfinden. Im Produkt, aber auch bei dem Unternehmen, der Marke, dem Vertriebsmitarbeiter mit dem er in Kontakt steht. Unsympathen haben keine Chance bei ihm. Wer nur auf Verkauf aus ist und sich dann dem nächsten Kunden zuwendet, verschwendet bei ihm seine Zeit. Kaufen lassen ist das neue Verkaufen. Die Zukunft des reinen Verkaufens heißt: kein Verkauf!

Für Sie bedeutet das: Sie müssen einen ganz neuen Typ Verkäufer und Vertriebsmitarbeiter aufbauen. Müssen von Anfang an – und das heißt, wenn es darum geht, wen Sie in Ihr Team aufnehmen – darauf achten, wer den neuen Anforderungen des Kunden 3.0 gerecht wird oder wer es künftig werden kann. Doch worauf genau kommt es dem Kunden 3.0 an? Welche Erwartungen hat er an den Verkäufer an die Führung und an das Unternehmen?

Neue Anforderungen an den Vertrieb:
das Forschungsprojekt VertriebsIntelligenz®

Dieser Frage geht das Forschungsprojekt VertriebsIntelligenz® in zwei Studien (2011 und 2014 (in Bearbeitung)) nach, in dessen Rahmen bisher rund 250 Führungskräfte und Geschäftsführer aus unterschiedlichen Branchen befragt wurden.

VertriebsIntelligenz® – was ist das überhaupt? Der Begriff meint ein ganzheitliches, wertebewusstes Kompetenzmodell für vertriebsorientierte Unternehmen. Dieses umfasst die vier Kompetenzfelder „Marktstrategie", „Vertriebsvermögen", „©lean leadership" und „Gestalterkraft". Hinter jedem dieser vier Felder verbirgt sich eine Kompetenzmatrix mit einem aufgeschlüsselten Set an Einzelkompetenzen.

HINTERGRUND:

Kompetenzmodell VertriebsIntelligenz®

1. **Positionierung anhand einer durchschlagenden Marktstrategie:**
   Entwickeln Sie eine (emotionale) Marktstrategie. Damit gestalten Sie jeden Einkaufsprozess als emotionales Erlebnis – im B2C- ebenso wie im B2B-Segment. Damit können Sie Zukunftsmärkte offensiv erschließen und bestehende Kunden emotional an sich binden.

2. **Vertriebswissen als Vertriebsvermögen:**
   Vertriebsmitarbeiter müssen das Richtige zu richtigen Zeit tun (effektiv vorgehen, führen) – und dies richtig, oft und konsequent (effizient vorgehen, managen), dabei die kritischen Erfolgsfaktoren im Verkauf berücksichtigen, konsequent akquirieren, beziehungs- und abschlussorientierte Verkaufsgespräche führen und als beweisende Vorbilder handeln.

3. ©lean leadership:
Vertriebsintelligente Führungspersönlichkeiten fordern und fördern ihre Mitarbeiter, führen sie zum Erfolg und beherrschen die „vier Ebenen der Führung": Selbst-, Mitarbeiter-, Team- und Unternehmensführung.

4. Gestalter- und Umsetzungskraft:
Bestimmte Soft-Skills befähigen Führungskräfte und Mitarbeiter dazu, gestalten zu wollen, motiviert zu handeln, Dinge umzusetzen, die „PS auf die Straße" zu bekommen.

Sie möchten mehr erfahren? Dann hören Sie sich kostenlos unseren Coachcast „Vertriebsintelligent handeln" an:

http://www.buhr-team.com/de/coachcast/
vertriebsintelligent-handeln

Im Rahmen unseres Forschungsprojektes wollten wir von den Führungskräften unter anderem wissen, welche Kompetenzen einen erfolgreichen Vertriebsmitarbeiter ausmachen. Denn sie wissen, dass es nicht die tollen Dienstleistungen und bunten Produkte sind, die Geld in die Kassen spülen – sondern der Kunde. Ohne ihn läuft nichts. Ist er nicht überzeugt, bleibt das beste Produkt im Regal.

Die Antworten der Teilnehmer geben Rückschlüsse darauf, wie Sie Ihren Vertrieb erfolgreich aufbauen können. Und vor allem: Worauf Sie bei der Mitarbeiterauswahl, beim Coaching und als Vorbild achten sollten. Denn der Wertewandel findet nicht nur bei den Kunden statt – er ist auch im Vertrieb gefragt. Wichtig sind dabei Zuverlässigkeit, Qualität und Ehrlichkeit, gefolgt von Vertrauen. Erst dann – auf Platz 4 – steht das Preis-Leistungs-Verhältnis. Auch bei der Frage, welcher Wert am zweit- und drittwichtigsten sei, lautete die häufigste Antwort „Zuverlässigkeit". Damit erhält dieser Wert eine besonders hohe Bedeutung für den – nachhaltigen – Unternehmenserfolg. Denn die häufige Nennung des Wertes zeigt noch mehr: Es geht nicht um den schnellen Euro, den schnellen Abverkauf. Es geht um langfristigen Beziehungsaufbau mit den Kunden. Um eine gemeinsame Weiterentwicklung, gemeinsames Wachsen.

Erkenntnis Nr. 2: Treue Kunden gehören zu den entscheidenden Erfolgs-kriterien für ein Unternehmen. Am zweithäufigsten wurden loyale Mitar-beiter genannt, gefolgt von klaren Zielen.

Geht es um die Frage, welche Eigenschaften ein Verkäufer mitbringen sollte, steht die Fähigkeit, besonders gut mit Menschen umzugehen, an erster Stelle. Erfolgreiche Vertriebsmitarbeiter wirken zudem authentisch und streben langfristige Kundenbeziehungen an. Gefragt sind zudem gute Kenntnisse über die Kunden, die eigenen Leistungen und Produkte. Diese sollten zudem gut erklärt werden können. Mogeln ist dabei tabu: Wer mit Halbwahrheiten arbeitet, um möglichst viele Abschlüsse zu er-zielen, hat als Vertriebsmitarbeiter einen schlechten Ruf. Dies wirkt sich direkt auf den Unternehmenserfolg aus – davon sind die Teilnehmer des Forschungsprojektes überzeugt.

Auf die Frage nach dem Zusammenhang von vertriebsintelligentem Handeln und Unternehmenserfolg angesprochen, hat Vertriebsintelligenz einen Mittelwert von 1,71 erreicht – und liegt damit knapp hinter Zuver-lässigkeit (1,36). Die 1 steht dabei für die Aussage „trifft voll bis ganz zu" während ein Wert von 5 für „trifft überhaupt nicht zu" steht.

Am zweithäufigsten wurde übrigens bei dieser Frage Nachhaltigkeit ge-nannt (1,65). Dabei verstehen die Befragten unter „Nachhaltigkeit im Ver-trieb" vor allem „durch langfristige Leistung überzeugen" (1,43). Platz 2 erreichte die Aussage „Kunden langfristig binden" (1,60). Die Aussage „langfristige Leistungen erbringen" kann dabei durchaus mit „Zuverläs-sigkeit" und „Qualität" übersetzt werden. Aber auch mit „Kompetenz".

Was bedeutet das nun für Sie?

Ihr Team?

Den Verkäufer?

Ein guter Vertriebsmitarbeiter sollte also

- sich mit dem Unternehmen, den Produkten und Leistungen identifizieren

- an sich glauben und sich mit sich selbst, seinem Beruf identifizieren

- sich mit gesellschaftlichen und wirtschaftlichen Trends und ihren Auswirkungen auf die Märkte und Kundenanforderungen beschäftigen

- Kunden auf verschiedenen Wegen identifizieren und ansprechen – via Telefon, aber auch per Mails, Brief sowie über Facebook, Twitter und andere Kanäle

- Informationen aus Social Media nutzen, um sich so umfangreich auf die Gespräche vorzubereiten – mit dem Ziel, den Kunden kompetenter und umfassender beraten zu können

- sich in den Kunden hineindenken können, für ihn denken und handeln

- Menschenkenntnis und Empathie mitbringen

- ein Gespür für Menschen haben und auf sie eingehen können

- dem Kunden zuhören, seine Anforderungen besonders gut (er)kennen

- Bedarf erkennen können – beispielsweise durch gute Fragen und aktives Zuhören

- Leistungen und Produkte anbieten, die er mit ihren Stärken und Schwächen kennt

- Leistungen und Produkte so präsentieren, dass der Kunde den Nutzen für sich erkennt, aber auch auf eventuelle Risiken hingewiesen wird

- Bedenken erkennen und Einwände argumentieren können

- es dem Kunden leicht machen, Kunde zu werden und zu bleiben

- vertriebsintelligent denken und handeln

- die Produkte und Leistungen des Unternehmens verkaufen

Vom Konsumenten zum Mitgestalter – der Kunde 3.0 und seine Erwartungen an Sie und Ihre Mitarbeiter

Was bedeutet dies nun konkret? Was hat sich geändert? Nun: Der Kunde ist nicht mehr passiv. Er wählt nicht aus einem Angebot fertiger Produkte, er will mitgestalten. Gewünscht ist das Produkt mit Auflage eins, kein Angebot von der Stange. Er will gefragt und gehört werden, sich aktiv in die Produktionsprozesse einbringen, er will einbezogen sein. Und er ist informierter als Verbraucher in all den Jahren vorher. Wenn Sie zu ihm kommen, kennt er Ihr Produkt, Ihre Dienstleistung in der Regel schon. Hat Vergleichsangebote Ihres Wettbewerbers vorliegen. Kennt die Erfahrungen seiner Freunde und Bekannten. Hat das Internet auf die Schwachstellen Ihres Produktes, Ihrer Dienstleistungen durchsucht. Und auf die Vorteile der Konkurrenzprodukte. Vielleicht weiß er mehr als der Verkäufer?

So informiert, will er nicht die klassische Verkaufe. Kein Marktgeschrei und keine falschen Versprechungen. Er will Moderation, Beratung maximal. Er will selbst entscheiden, was er braucht – und was er kauft oder abschließt. All dies wirkt sich direkt auf die Anforderungen an Ihre Mitarbeiter aus.

Ihre Aufgabe ist es, die Mitarbeiter auf diese neuen Herausforderungen vorzubereiten. Sie dabei zu unterstützen, die Anforderungen des Kunden 3.0 zu erfüllen, ihn zu überraschen – mit Wissen, Kompetenz und Kundenorientierung. Damit er aus einem Interessenten zu einem loyalen Kunden wird, der Ihrem Unternehmen treu bleibt. Der Sie, Ihr Unternehmen und Ihre Produkte weiterempfiehlt.

Hier geht es unter anderem um Sie als Vorbild. Leben Sie das vor, was Sie im Umgang Ihrer Vertriebsmitarbeiter mit den Kunden erwarten: respektvolles, ehrliches und faires Miteinander. Üben Sie das, wiederholen Sie es – indem Sie immer wieder selbst zum Kunden fahren. Sich mit den Anforderungen, Wünschen und Vorbehalten beschäftigen. Ihr Ohr am Markt halten. Informiert bleiben, wie der Kunde heute tickt und was er morgen braucht.

Bieten Sie als Vorgesetzter und als Arbeitgeber eine Zukunftsperspektive und Orientierung. Vermitteln Sie Sicherheit. Denken Sie daran: Sie vermitteln die Regeln, nach denen in Ihrem Team gearbeitet wird. Sie schaffen den Raum und die Atmosphäre, in denen sich Unternehmenskultur und

-klima entwickeln. Sie haben es in der Hand, ob jemand gern zur Arbeit kommt und Spaß an seiner Aufgabe hat und zum Botschafter Ihrer Marke, Ihres Unternehmens und Ihrer Produkte wird.

Und damit auch, ob Kunden gerne bei Ihnen, bei Ihrem Team kaufen. Denn die Art und Weise, wie Sie mit Ihren Mitarbeitern umgehen, wirkt sich auch auf den Umgang Ihrer Mitarbeiter mit den Kunden aus. Dabei können innerhalb weniger Minuten langjährige Kundenbeziehungen zerbrechen. So geschehen bei einer Bekannten von mir, die jahrelang einem Versicherungsanbieter treu war. Dann kam der entscheidende Wechsel in der Betreuung. Der Berater war kein Berater mehr – er wollte auftrumpfen. Stellte meine Bekannte als zu dumm dar, ihre eigenen Vorsorgemaßnahmen wirklich zu verstehen. Statt zuzuhören belehrte er sie. Und bekam keinen Fuß in die Tür. Im Gegenteil: Als er sie nach einiger Zeit der Ruhe erneut anrief, weil er einen Beratungs- und Besuchsauftrag vorliegen hätte, sagte sie sachlich: „Klären Sie das mit demjenigen, der Ihnen diesen Auftrag gegeben hat. Ich möchte nicht von Ihnen beraten werden" – und kündigte die Versicherung. Den Wettbewerber hat es gefreut.

Belegt wird diese persönliche Erfahrung übrigens auch durch diesjährige Ketchum Leadership Communication Monitor, für den 6.500 Teilnehmer in 13 Ländern befragt wurden. Die internationale Studie bescheinigt den Führungskräften schlechtes Leadership und mangelnde Kommunikation. Demnach finden nur 22 Prozent der Befragten, dass Führungskräfte effizientes Leadership betreiben. In Europa sind es sogar nur 15 Prozent.

Auch die Kommunikation in der Chefetage wurde kritisiert. Diese wurde von nur 29 Prozent als effizient eingestuft. Gleichzeitig wird von den Studienteilnehmern einer offenen, transparenten Kommunikation große Bedeutung beigemessen. Für drei Viertel der Befragten ist sie ausschlaggebend für gutes Leadership. (Vgl. Ketchum Leadership Communication Monitor, Mai 2014).

Schlechte Führung und mangelnde Kommunikation – kein Thema für Kunden? Im Gegenteil: Die Mehrheit der Befragten gab an, in den letzten zwölf Monaten auf Produkte und Dienstleistungen von Unternehmen mit schlechtem Leadership verzichtet zu haben. Stattdessen kauften sie bei Unternehmen mit gutem Leadership.

Sie als Führungskraft haben es also in der Hand, wie erfolgreich Ihre Mitarbeiter sind. Durch die Art und Weise, wie Sie führen. Wie Sie kommunizieren. Und welches Vorbild Sie Ihren Mitarbeitern sind.

Die Rede ist hier von ©lean leadership, der einfachen, auf die wirklich wichtigen Punkte reduzierten exzellenten Führung. Dieses Führungsprinzip beruht auf den drei Säulen „Nachhaltigkeit", „Gewinnorientierung" und „Werte-Basis".

PRAXISTIPP:
Die drei Säulen des ©lean leadership

SÄULE 1:
Nachhaltigkeit

Nachhaltigkeit umfasst die gleichberechtigten Aspekte Ökologie, Gesellschaft und Ökonomie. Was heißt dies für den Vertrieb? Zum einen: Die Ziele unseres wirtschaftlichen Handelns müssen so angelegt sein, dass sie langfristig funktionieren. Sie zielen darauf, Zukunftstrends zu antizipieren und ihnen strategisch gerecht zu werden. Basis ist eine tragfähige Vision der (Unternehmens-)Zukunft. Nachhaltig bedeutet zudem, dass wir etwas von Wert schaffen, das dem Kunden nachweislich und langfristig nutzt. In puncto Ökologie müssen wir darauf achten, dass unser Handeln den künftigen Ressourcen, Ansprüchen und Märkten gerecht wird.

Kein Unternehmen kann ohne Gewinn existieren. Nur wer Gewinne macht, bleibt im Spiel – heute und morgen. Kann in neue und verbesserte Produkte und Leistungen investieren. Und in die Qualifikation seiner Mitarbeiter. Umsatzwachstum, ohne Gewinnwachstum bedeutet langfristig das Aus. Das klingt fast banal, sollte aber immer wieder in die Köpfe der Menschen gebracht werden. Dabei haben Unternehmen durchaus einen gesellschaftspolitischen Auftrag. Und der lautet: Dem Markt und den Kunden Produkte und Dienstleistungen zu einem fairen Preis-Leistungs-Verhältnis zur Verfügung zu stellen. Den (potenziellen) Kunden das Leben zu verschönern und die Welt damit zu einem besseren Ort zu machen. Nachhaltig zu produzieren und damit Gewinn zu machen. Und hier sind die Gewinne von heute, die Basis für die Kosten von morgen! Erfüllen Sie diesen Auftrag – und Sie können Arbeitsplätze schaffen, Wohlstand sichern und investieren. In neue Techniken, neue Produkte, in die Zukunftsfähigkeit Ihres Unternehmens. Gewinnorientierung ist existenziell, um den gesellschaftspolitischen Auftrag auch morgen noch ausführen zu können.

Für diese Aufgabe sind Führungskräfte mit ausgeprägtem Verantwortungsbewusstsein gefragt. Und zwar nach innen und außen. Nach innen hinsichtlich Prozesssteuerung und Qualität. Und nach außen in Bezug auf die Wirkung des eigenen Unternehmens gegenüber Kunden, Geschäftspartnern und Gesellschaft. Führungskräfte müssen den Rahmen schaffen, in dem sie – und ihr Team – heute und künftig verantwortungsbewusst und gewinnorientiert agieren können.

SÄULE 3:
Werte-Basis

Verantwortungsvoll und vorausschauend denken und handeln – beides zeigt bereits, dass Werte in der Führung wichtig sind. Und dies heute mehr denn je. Die sechs wichtigsten Werte, die eine Führungsperson verkörpern sollte, sind dabei Vertrauen, Verantwortung, Respekt, Integrität, Nachhaltigkeit und Mut. Dies ist das Ergebnis der Umfrage der „Wertekommission – Initiative wertebewusste Führung e. V.".

Menschen mehr zutrauen, als sie sich selbst zutrauen. Verantwortung delegieren und zu guten Resultaten gratulieren – dies sollte selbstverständlich und nicht die Ausnahme sein. Zumal es nach einer weltweiten Befragung von Booz Allen Hamilton und dem Aspen Institut eine erkennbare Verbindung zwischen gelebten Unternehmenswerten und überdurchschnittlichem finanziellen Erfolg gibt. Wertschätzung geht vor Wertschöpfung. Gelebte Werte schaffen Werte.

Werte spielen auch bei der Wahl des Arbeitsplatzes eine größere Rolle als noch vor zehn oder zwanzig Jahren. So ergab die Arbeitgeberstudie „Most wanted 2013", durchgeführt von e-fellows.net, dass „Spaß an der Arbeit" für die High Potenzials wichtiger ist als Arbeitsplatzsicherheit. Dieser Wert lag im Ranking der 25 abgefragten Kriterien nur im Mittelfeld. Einstiegsgehalt und Gehaltssteigerung sogar nur im unteren Viertel. Auf Platz 2 bis 4 der wichtigsten Kriterien stehen hingegen kollegiale Zusammenarbeit, herausfordernde Aufgaben und Weiterbildungsmöglichkeiten (Quelle: **http://www.e-fellows.net/KARRIEREWISSEN/Aktuell/Arbeitgeberstudie-Most-Wanted-2013**).

Hinzu kommt: 63 Prozent der Arbeitnehmer sind nach einer Umfrage des Karriereportals monster.de wechselbereit. Auch wenn sie nicht aktiv nach neuen Herausforderungen suchen, sind sie bereits auf dem Sprung. Zu einem Arbeitgeber, der ihren Vorstellungen entspricht. Der ihnen Raum für die persönliche Work-Life-Balance bietet. Und der sie an einer Idee, einer Aufgabe teilhaben lässt. Denn der Mitarbeiter 3.0 möchte sich nicht nur mit seiner persönlichen Karriere identifizieren – er möchte Teil einer Aufgabe, einer großen Sache sein. Er möchte sich mit seinem Arbeitgeber, mit den Produkten identifizieren. Er will nicht gegen, sondern mit seinen Überzeugungen verkaufen. Und er erwartet von seinen Vorgesetzten, seinem Team, dass er dabei unterstützt wird.

Wie Sie in der Vertriebsführung auf diesem Markt agieren: die vier Ebenen der Führung

Was bedeutet das für Sie? Für die Führung Ihres Teams? Des einzelnen Mitarbeiters? Es reicht heute nicht mehr aus, Mitarbeitern klare Jahresziele zu setzen. Benchmarks, an denen er sich messen lassen muss. Umsatzziele, die er erreichen soll. Um seine Probezeit zu bestehen oder eben Karriere machen zu können. Um Boni zu erhalten. Der Mitarbeiter von heute hat weniger wirtschaftlichen Druck – er sucht sich seinen Arbeitgeber aus. Nicht umgekehrt. Auch das hat sich verändert. Das ist eine Folge der Demographie und der Globalisierung!

Um neue Leute zu halten, müssen Sie sie integrieren. Sie zu einem Teil der Aufgabe machen, die gemeinsam gelöst wird. Sie müssen die Neuen wertorientiert führen. Dies ist eine komplexe Aufgabe, für die eine Reihe von Hard- und Soft-Skills, an Fähigkeiten und Fertigkeiten notwendig ist.

Dabei gilt: Nur wer sich selbst führen und Verantwortung für sich und seine Taten übernehmen kann, kann auch andere verantwortungsbewusst führen. Und es gilt auch: Nur wer sich selbst führen lässt, wer als Führungskraft akzeptiert, dass auch er ein Teil eines Ganzen ist, der hat die Voraussetzungen dafür, auch Andere führen zu können. Die Selbstführung ist die erste Ebene der vier Führungsebenen. Sie ist Bedingung und Basis, Fundament und Voraussetzung. Das lebendige, beweisende Vorbild ist es. Die weiteren Ebenen zwei, drei und vier sind die dialogische Mitarbeiterführung, die Teamführung und die Unternehmensführung.

Was bedeutet das – sich selbst führen zu können? Ist eigenverantwortliches, zielorientiertes Handeln in Führungspositionen nicht selbstverständlich? Zumindest sollte es das sein. Das allein reicht aber nicht aus. Um sich selbst führen zu können, müssen Sie in der Lage sein, sich selbst, Ihr Handeln, Ihre Ziele immer wieder zu prüfen. Sich quasi von außen zu betrachten. Ihr Handeln, Ihre Fähigkeiten kritisch mit dem abgleichen, was Sie, was andere von Ihnen erwarten. Sie müssen sich auch führen lassen können. Dieser realitätsnahe Abgleich von Fremd- und Selbstbild zählt zu den Kardinaltugenden erfolgreicher Führungspersönlichkeiten. Messen Sie sich, Ihr Handeln und Ihre Ergebnisse an objektiven Maßstäben. Beschäftigen Sie sich mit Ihren Schwächen und Stärken. Lernen Sie, beides zu akzeptieren und gezielt einzusetzen. Erkennen Sie, von welchen Werten Ihr Handeln geleitet wird und welche Potenziale schlicht ungenutzt sind. Nur wenn Sie das wissen – und konsequent an sich selbst arbeiten – können Sie sich und andere erfolgreich führen. Können zum Vorbild für Ihre Mitarbeiter, Ihr Team werden. Natürliche Autorität ausstrahlen und als Taktgeber agieren. Ihr Team, Ihre einzelnen Mitarbeiter zum Erfolg führen.

KAPITEL 1

So finden Sie die richtigen Mitarbeiter: Recruiting 3.0

IHR CHECK AUF EINEN BLICK

WORUM es in diesem Kapitel geht

WAS ist in diesem Aufgabenbereich zu tun?	In dieser Phase beschäftigen Sie sich mit dem Aufbau Ihrer Vertriebsmannschaft: Mit dem Finden der richtigen Mitarbeiterinnen und Mitarbeiter für Ihre Salesforce. Egal, ob sie eine komplette Vertriebsabteilung aufbauen oder ein neues Vertriebstalent suchen: In der Vertriebsführung sind Sie eigentlich ständig mit Recruiting befasst!
WARUM ist es zu tun?	Engagierte und vertriebsintelligente Mitarbeiter für den Vertrieb zu finden, wird immer schwieriger. Bei Vielen hat Vertrieb immer noch keinen guten Ruf, an den weiterführenden Schulen wird Vertrieb nicht gelehrt und es kommen schlicht immer weniger junge hungrige Talente nach. In der Konsequenz neigen viele Unternehmen dazu, zu schnell Verkäufer und Vertriebsmitarbeiter zu rekrutieren – die dann im Vertrieb nicht glücklich werden, nicht die notwendige, besprochene Leistung bringen, in die innere oder gleich faktische Kündigung gehen. Und das kostet Unternehmen Milliarden!
WIE konkret ist es zu tun?	1) Sie entwickeln in diesem Kapitel eine Strategie, wie Sie einen effizienten Recruitingprozess führen, um mit möglichst großer Sicherheit die Menschen an Bord zu holen, die am Ende auch Ergebnisse bringen! 2) Sie erstellen passende Anforderungsprofile. 3) Sie üben „Recruiting 3.0": WO und WIE finden Sie heute unter Nutzung der vielfältigen technologischen Mittel die richtigen MitarbeiterInnen für Ihren Vertrieb? 4) Sie machen sich mit den Grundzügen der psychologischen Typologien vertraut. 5) Sie führen den Rekrutierungsprozess und Assessment Center.

124 Milliarden Euro – so viel kosten unmotivierte Mitarbeiter allein die deutschen Unternehmen Jahr für Jahr. Wie aber ergibt sich dieser hohe Betrag, den das Marktforschungsunternehmens Gallup errechnet hat? Mitarbeiter, die innerlich gekündigt haben, fehlen im Schnitt 3,5 Tage mehr als engagierte Mitarbeiter. Sie bringen weniger Ideen und Verbesserungsvorschläge ein. Und zum Teil verhalten sie sich sogar destruktiv, wollen dem Unternehmen bewusst schaden.

Weshalb Mitarbeiter innerlich kündigen, hat unterschiedlichste Gründe. Vieles hängt mit dem Führungsverhalten der Vorgesetzten zusammen. Oft liegt es aber auch schlicht daran, dass Position und Mitarbeiter nicht zusammen passen. Oder der falsche Mann am falschen Platz oder schlicht fürs falsche Team spielen soll.

Fehlbesetzungen im Vertrieb kosten Unternehmen buchstäblich Milliarden

Doch nicht nur demotivierte Mitarbeiter kosten Geld – auch die Personalsuche und die Einarbeitung sind Investitionen. Ganz gleich, ob Sie die klassische Annonce schalten, Ihr Stellengesuch online einstellen oder einen Headhunter beauftragen: Noch bevor Sie das erste Wort mit dem potenziellen Kandidaten wechseln, haben Sie Zeit und Geld investiert. Auch die Einarbeitungs-Phase ist Investition pur. Selbst wenn der neue Mitarbeiter erste Erfolge erzielen kann: Einen Gewinn werden Sie jetzt noch nicht verbuchen können. Besonders ärgerlich wird es, wenn der Kandidat trotz aller Vorgespräche die Erwartungen nicht erfüllt. Oder sich mitten in der Probezeit für ein anderes Angebot entscheidet. Denn dann geht alles von vorne los: Suche, Auswahl- und Einarbeitungsprozess.

So bereiten Sie die Mitarbeitersuche richtig vor!

Vor dem Start der Mitarbeitersuche steht deshalb das Anforderungsprofil. Welche Aufgaben soll Ihr künftiger Mitarbeiter erfüllen? Welche Kenntnisse mitbringen? Wie soll er sich weiterentwickeln – persönlich? Im Team? Im Unternehmen? Welche Anforderungen kommen morgen, kommen übermorgen auf ihn zu? Welche Charaktereigenschaften sollte er mitbringen, um seine Aufgaben gut zu erfüllen? Entwerfen Sie Ihren

Traum-Mitarbeiter mit allen Details. Aber bleiben Sie realistisch. Prüfen Sie, ob die Anforderungen wirklich dem Aufgabengebiet, den zu betreuenden Kunden entsprechen. Oder ob Sie sich insgeheim einen Mitarbeiter wünschen, mit dem Sie sich gut verstehen – und dadurch andere Aspekte in den Hintergrund rücken.

So erstellen Sie ein Anforderungsprofil.

- Welche Führungsaufgaben sollen erfüllt werden?
- Welche (Sach/Fach)-Kenntnisse sind dafür erforderlich?
- Welche Fähigkeiten werden benötigt?
- Was ist darüber hinaus wünschenswert?

Gehen wir die Fragen einmal durch. Zunächst geht es um die Arbeitsaufgabe als solches sowie um die Arbeitsbedingungen:

⇒ Wird ein Einzelkämpfer gesucht? Oder ein Teamplayer? Jemand, mit hoher Kompetenz, Bestands-Kunden zu betreuen und zu entwickeln, also ein Typ „Sammler", ein Beziehungsverkäufer, (up/cross selling)? Oder der „Typ Jäger", der neue Kunden akquiriert? Der telefoniert oder im persönlichen Gespräch berät? Welche Kunden wird er betreuen?

Aus den Antworten auf diese Fragen ergeben sich die Detailfragen zu den Kenntnissen:

⇒ Braucht er beispielsweise spezielles Fachwissen über die eigenen Produkte hinaus? Sind Branchenkenntnisse aus dem Bereich Pharma, Textil, Automotive, Finanzdienstleistung oder Einzelhandel … wichtig? Und wenn ja: Wie fundiert müssen sie sein? Sind Sprachkenntnisse gefragt? Oder Kenntnisse über den englischen, französischen, chinesischen … Markt? Interkulturelle Kompetenz?

Formulieren Sie diese Anforderungen so, dass sie für die zu besetzende Position optimal erfüllt werden. Achten Sie dabei darauf, dass die Soll-Anforderungen relevant und vollständig sind.

Anschließend nehmen Sie eine Gewichtung vor: Was muss der Kandidat unbedingt mitbringen? Was sind Kann-Anforderungen, die Sie sich wünschen – die aber nicht unabdingbar sind?

Geht es um die persönlichen Fähigkeiten, helfen folgende Fragen bei der Gewichtung:

1. Was braucht der Bewerber unbedingt, um die Aufgabe zu bewältigen?
2. Wie groß wird die Hürde, wenn er über bestimmte Eigenschaften nicht verfügt?
3. Und kann er sich diese aneignen?

Unterschiedliche Anforderungsprofile für neue Vertriebsmitarbeiter

Wie unterschiedlich die Anforderungsprofile für die eigenen Positionen im Vertrieb sind – und worauf Sie bei der Erstellung des Anforderungsprofils achten sollten – zeigen die folgenden Beispiele:

Anforderungsprofil Vertriebsmitarbeiter mit Fokus „Neukunden-Akquise"

Geht es um die Gewinnung von Neukunden, brauchen Sie „hungrige" Mitarbeiter, Hunter. Sie sind meist Einzelkämpfer und leben vom Erfolg. Und das heißt für sie oft: Gewinn. Ihr Ziel: Neue Kunden, neue Märkte für das Unternehmen erobern. Langjährige Kundenbetreuung langweilt sie. Dafür bringen sie echte Kämpferqualitäten mit: Sie sind dynamisch, mit hohem Durchsetzungsvermögen und enormer Hartnäckigkeit. Oft sind sie Meister darin, sich selbst zu motivieren. Schließlich brennen sie für das, was sie tun. Das zeigt sich auch bei der Vergütung: Ein geringes Fixum mit einem hohen variablen Anteil im Erfolgsfall sind für Hunter ein optimaler Anreiz.

Anforderungsprofil Vertriebsmitarbeiter mit Fokus „Bestandskunden-Entwicklung"

Bei der Bestandskunden-Pflege sind hingegen Farmer gefragt. Sie zeichnen sich durch Beratungskompetenz aus. Dabei profitieren sie von ihrem fundierten Wissen über die Produkte und Dienstleistungen. Hören gut zu. Bauen Vertrauen auf. Sammeln Wissen an. Über den Kunden, seine Prozesse und Märkte. So gerüstet bauen sie den Kunden strategisch aus. Begleiten ihn über viele Jahre und tragen zu seinem Erfolg bei – ohne den eigenen aus den Augen zu verlieren.

Farmer bringen in der Regel Leidenschaft für kontinuierliches Kontaktmanagement mit. Sie pflegen ihre Daten. Kennen die Geburtstage, Namenstage und Interessen ihrer Kunden. Die Namen der Partner und Kinder. Das letzte Urlaubsziel. Bauen es in die Dialoge ein und schaffen so eine persönliche Basis. Sie sind gute Key Accounter.

Anforderungsprofil „Kundenpflege"

Ihre Eigenschaften machen sie aber auch zu guten Mitarbeitern im Inbound Office, beispielsweise als Assistent. Er bereitet individuelle Angebote vor und fasst telefonisch nach. Hört eventuelle Unzufriedenheiten heraus und berät intensiv. Beantwortet Fragen fundiert. Begegnet Einwänden, ohne in Preisdiskussionen zu geraten. Und hält damit anderen Team-Mitgliedern den Rücken frei, damit sie ihre Fähigkeiten optimal für das Unternehmen einsetzen können.

Erstellen Sie auch für andere Funktionen in Ihrem Team entsprechende Anforderungsprofile. Auch dann, wenn der Mitarbeiter keinen direkten Kundenkontakt hat, auf den ersten Blick keinen finanziellen Gewinn erzielen kann – sowohl die Verkäufer im Außen- als auch im Innendienst sind nur dann erfolgreich, wenn im Hintergrund die Abschlüsse optimal vorbereitet werden. Wenn das Sekretariat nicht nur funktioniert, sondern mitdenkt. Wenn die Verkaufsunterlagen die Anforderungen und Bedenken der Kunden berücksichtigt. Ist das nicht gegeben, hilft Ihnen der beste Außendienstmitarbeiter nicht.

Bei der Erstellung des Anforderungsprofils sollten Sie deshalb die folgenden Punkte beachten – und um unternehmensinterne sowie branchenspezifische Aspekte ergänzen:

CHECKLISTE ANFORDERUNGSPROFIL

Welche Aufgaben soll der neue Mitarbeiter wahrnehmen?

- [ ] Neukundenakquise Outbound
- [ ] Neukundenakquise Inbound
- [ ] Betreuung Bestandskunden
- [ ] Ausbau bestehenden Geschäftes
- [ ] Erschließung neuer Märkte/Segmente
- [ ] Produktentwicklung/-weiterentwicklung
- [ ] Beratung der Kunden in der Filiale/beim Kunden
- [ ] Beratung der Kunden am Telefon
- [ ] Erstellung von Produktpräsentationen
- [ ] Erstellung von Angeboten
- [ ] Nachfassen von Angeboten
- [ ] …
- [ ] …

Was sollte der Bewerber dafür mitbringen?

Ausbildung

☐ abgeschlossene Ausbildung nicht erforderlich

☐ abgeschlossene Ausbildung erforderlich in einem der folgenden Berufe:

_____

_____

Studium

☐ Studium nicht erforderlich

☐ Studium folgender Fächer erwünscht:

_____

_____

☐ Studium folgender Fächer Voraussetzung:

_____

_____

☐ gewünschter Hochschulabschluss:

_____

_____

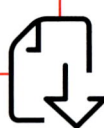

Berufserfahrung

☐ keine

☐ 0–1 Jahr

☐ 1–3 Jahre

☐ 3–5 Jahre

☐ über 5 Jahre

☐ mit Führungsverantwortung

☐ mit Budgetverantwortung

☐ mit Berufserfahrung in einer vergleichbaren Position

Zusatzqualifikationen

☐ keine Zusatzqualifikationen erwünscht

☐ folgende Zusatzqualifikationen sind erwünscht:

_____

_____

☐ folgende außerfachliche Zusatzqualifikationen sind erwünscht:

_____

_____

☐ folgende IT-Kenntnisse sind erwünscht:

    ☐ Anfänger

    ☐ Fortgeschrittener

    ☐ Routinier

☐ folgende IT-Kenntnisse werden vorausgesetzt:

    ☐ Anfänger

    ☐ Fortgeschrittener

    ☐ Routinier

☐ folgende Softwarekenntnisse sind erwünscht:

    ☐ Microsoft Office

    ☐ ...

    ☐ ...

☐ folgende Softwarekenntnisse werden vorausgesetzt:

    ☐ Microsoft Office

    ☐ ...

    ☐ ...

Methodenkompetenzen

Folgende Methodenkompetenzen sind erforderlich:

☐ Rhetorik

☐ Präsentationstechniken

☐ strategische Kompetenz

Folgende Methodenkompetenzen sind erwünscht:

☐ Rhetorik

☐ Präsentationstechniken

☐ strategische Kompetenz

Sprachkenntnisse

☐ folgende Sprachkenntnisse werden vorausgesetzt:

☐ Deutsch ☐ verhandlungssicher
☐ gut in Wort und Schrift
☐ ausreichende Kenntnisse in Wort und Schrift

☐ Englisch ☐ verhandlungssicher
☐ gut in Wort und Schrift
☐ ausreichende Kenntnisse in Wort und Schrift

☐ … ☐ verhandlungssicher
☐ gut in Wort und Schrift
☐ ausreichende Kenntnisse in Wort und Schrift

☐ folgende Sprachkenntnisse sind von Vorteil:

    ☐ Deutsch   ☐ verhandlungssicher

                          ☐ gut in Wort und Schrift

                          ☐ ausreichende Kenntnisse in Wort und Schrift

    ☐ Englisch   ☐ verhandlungssicher

                          ☐ gut in Wort und Schrift

                          ☐ ausreichende Kenntnisse in Wort und Schrift

    ☐ …   ☐ verhandlungssicher

                          ☐ gut in Wort und Schrift

                          ☐ ausreichende Kenntnisse in Wort und Schrift

☐ Auslandsaufenthalt gewünscht,

Dauer: _____ Jahre in Land:

_____

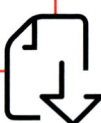

Soft-Skills

Diese Soft-Skills sind für die zu besetzende Stelle besonders wichtig:

☐ unternehmerisches Denken

☐ Empathie

☐ Verhandlungsgeschick

☐ Beratungskompetenz

☐ analytisches Denken

☐ mathematisches Verständnis

☐ Erfahrung im Umgang mit …

☐ ausgeprägte Kommunikationsfähigkeit

☐ Teamgeist

☐ Ausdauer

☐ …

Ist das Anforderungsprofil einmal erstellt, kann es auch für künftige Ausschreibungen verwendet werden. Dann sollte es jedoch regelmäßig überprüft werden. Hat sich etwas geändert? Sind neue Anforderungen hinzugekommen? Oder welche weggefallen? Merke:

Stellen Sie keine Leute ein, für die sie ein Anforderungsprofil im Nachhinein erstellen müssen!

Umgang mit Initiativbewerbungen

Auch Initiativbewerbungen sollten anhand des Profils geprüft werden. Wichtig ist natürlich, dass Sie wertschätzend mit diesen umgehen – denn jeder womöglich abgelehnte Kandidat kann sich zu einem „Negativ-Herold" für Ihr Unternehmen entwickeln. Daher machen Sie es sich zur Regel, auf jede Initiativbewerbung direkt mit einer freundlichen Eingangsbestätigungsmail zu antworten und darin auch einen groben Ausblick über das Verfahren und gegebenenfalls Dauer zu geben. ➲ Dafür eignet sich eine einmal formulierte Standard-Mail, die Sie anlegen.

Bevor Sie einem Kandidaten aber Hoffnung machen oder ihn einladen, prüfen Sie stets die Initiativbewerbung gegen das angelegte Anforderungsprofil. Nach aller Erfahrung werden Sie aber feststellen, dass die wenigsten Bewerber Ihren Such-Profilen entsprechen und Sie werden erleben, dass diejenigen die sich initiativ bewerben, oft eben nicht die Besten sind. Dies gilt umso mehr, da die Besten der Besten schon lange keine Bewerbungen mehr schreiben. Sie suchen nicht. Sie werden gefunden. Von Headhuntern. Oder cleveren Personalverantwortlichen. Von künftigen Kollegen und Chefs.

Vom Wert des eigenen Netzwerks

Doch wie finden Sie diese Juwelen? Hier spielt Ihr eigenes Netzwerk die entscheidende Rolle. Ihre Kontakte zu ehemaligen Kollegen. Zu Ex-Kommilitonen. Zu Kunden und ehemaligen Kunden. Zu Personalverantwortlichen – in Ihrem Haus und bei anderen. Ihre Freunde und Bekannte in Führungspositionen. Bestimmt kennen Sie das Kleine-Welt-Phänomen, ein von Stanley Milgram geprägter sozialpsychologischer Begriff, das mit dem Satz „Jeder kennt jeden über 6 Ecken" beschrieben wird. Dank der sozialen Netzwerke wie XING und LinkedIn hat sich dies nun sogar auf fünf Ecken reduziert. Probieren Sie es einfach mal aus: Rufen Sie mein Profil auf – oder das eines anderen XING-Mitglieds, mit dem Sie noch keinen Kontakt haben – und klicken dann oben auf „alle Verbindungen". Sie werden überrascht sein, wie gut das Prinzip funktioniert.

Aber auch unsere Netzwerke im realen Leben gehorchen diesem Prinzip – wenngleich wir uns die Verbindungen hier nicht einfach per Mausklick anzeigen lassen können. Wohnungen werden so vermittelt. Und Jobs. Und natürlich Mitarbeiter.

Das berühmte „Vitamin B" ist dank Social Media weniger vom Zufall abhängig als bisher. Setzen Sie es gezielt ein. Um potenzielle Kandidaten zu identifizieren. Referenzen über sie einzuholen. Und Informationen über ihr eigenes Netzwerk – das bei ihrer künftigen Aufgabe helfen kann.

PRAXISTIPP:

Recherche in sozialen Netzwerken – was ist erlaubt?

Das Web vergisst nichts. Es gibt Informationen über uns preis, die wir – eigentlich – nicht in die ganze Welt hinausposaunen wollen. Von denen wir ausgegangen sind, dass sie einem kleinen Empfängerkreis vorbehalten bleiben. Und die doch immer wieder nach oben kommen – beispielsweise, weil ein Soziales Netzwerk seine Einstellungen ändert. Oder weil jemand eine Seite hackt. Oder die Informationen einfach aus dem engen Kreis heraus weitergeleitet werden.

Auch für Führungskräfte und Personalverantwortliche ist die Versuchung groß. Können sie doch schnell mehr über Kandidaten erfahren, als in seinen Unterlagen steht. Doch wie weit dürfen die Recherchen gehen? Was ist datenschutzrechtlich erlaubt? Was verboten? Eine abschließende Antwort gibt es darauf – noch – nicht.

Fest steht jedoch: Beachtet werden muss auf jeden Fall das Bundesdatenschutzgesetz (BDSG). Darauf weist Rechtsanwalt Carsten Ulbricht in seinem Buch „Social Media und Recht" hin. Das BDSG schützt personenbezogene Daten, also Informationen über die persönlichen und sachlichen Verhältnisse. Dazu gehören beispielsweise Alter, Lebenslauf und Qualifizierungen. Diese Informationen dürfen demnach nur erhoben, verarbeitet oder genutzt werden, wenn es durch das BDSG ausdrücklich erlaubt ist.

Um sicher zu gehen, rechtskonform zu handeln, sollten Sie sich bei der Recherche deshalb auf „allgemein zugängliche Informationen" konzentrieren. Dies sind Daten, die Sie über die Suche mit den gängigen Suchmaschinen erhalten und bei denen keine Anmeldung erforderlich ist.

Literaturtipp: Social Media und Recht, Carsten Ulbricht, Haufe 2013

Die 7 Wege des Recruitings

Das eigene Netzwerk – und damit auch Social Media – wird für das Recruiting immer wichtiger. Dies hat mit verschiedenen Trends zu tun: Die klassischen Print-Anzeigen verlieren an Aufmerksamkeit. Das Web bietet für Bewerber und Arbeitgeber ein weitaus höheres Potenzial – allein durch die Vernetzung. Und der Mitarbeiter 3.0 sucht nicht. Er will gefunden werden. Er ist offen für Angebote. Und zwar dort, wo er sich aufhält: In den Business-Netzwerken. In den Foren.

Das alles macht Social Media zu einem wertvollen Instrument im Recruiting. Es ist und bleibt aber nur ein Weg, nur ein Kanal, über den potenzielle Kandidaten ausfindig gemacht werden können. Ein Bestandteil in einem Personalmarketing-Mix.

Welche Wege, welcher Mix für Sie der richtige ist, hängt von zahlreichen Facetten ab. Von der Branche, in der Sie als Führungskraft im Vertrieb zuständig sind. Von dem Angebot an Branchenmedien. Davon, ob Sie regional oder bundesweit suchen. Ob Sie Nachwuchskräfte oder bereits erfahrene Mitarbeiter wünschen.

Gute Erfahrungen habe ich, haben meine Kunden mit einem Mix aus den folgenden Wegen gemacht:

Die 7 Wege des Recruitings

1. Das eigene Team – Empfehlungen

2. Internet – Online Stellenbörsen wie StepStone, Monster, etc.

3. Social Media

4. Employer Branding

5. Kunden als Multiplikatoren und Quellen

6. Direktansprache

7. Sonstige, wie „Recruiting Events" , Mittler und Headhunter, etc.

Suchen Sie Ihren künftigen Mitarbeiter mit Hilfe derer, die gute Leute aus dem Vertrieb kennen – Ihr Team. Niemand weiß besser, wer seinen Job besonders gut macht. Wer für seine Aufgabe, seine Produkte brennt. Und wer gerade auf der Suche ist oder aber bereit wäre, für ein entsprechendes Angebot den Arbeitgeber zu wechseln.

Damit die Vermittlung erfolgreich ist, muss Ihr Team wissen, wen Sie suchen. Teilen Sie ihm mit, welche Stellen besetzt werden sollen. Wie ihr Traumkandidat aussieht, welche Kenntnisse er mitbringen sollte – vielleicht ist unter den Ex-Kollegen, den Ex-Kommilitonen oder im persönlichen Netzwerk jemand dabei, der passen könnte.

Persönliche Empfehlungen haben einen besonderen Charme: Niemand wird Ihnen ein faules Ei unterjubeln wollen – schließlich läuft der Tippgeber Gefahr, dass er später mit demjenigen arbeitet, oder dass ein schlechter Tipp auf ihn selbst zurückfällt. Erkennen Sie die Schwächen des Kandidaten, werden Sie den Mitarbeiter nie wieder nach einem Tipp fragen – und auch er wird diesen Imageverlust nicht riskieren wollen. Daher ist bei diesem Weg der Rekrutierung, wenn alles gut eingestielt ist, eher davon auszugehen, dass die Qualität der Bewerber hoch sein wird.

Zudem sind persönliche Empfehlungen belastbare Brücken: Sie haben bei dem potenziellen Kandidaten ein ganz anderes Gehör, wenn Sie auf die Empfehlung hinweisen. Der Kandidat fühlt sich geschmeichelt und wird die Türe nicht schließen, ohne Ihnen zumindest zuzuhören.

Mit der Suche über persönliche Empfehlungen sparen Sie Zeit und Geld. Revanchieren Sie sich bei dem Tipp-Geber. Bietet Sie ihm eine Prämie an, deren Höhe abhängig vom Einkommen des künftigen Mitarbeiters ist. Bieten Sie kleinere Prämien für den Kontakt selbst an. Erhöhen Sie bei Vertragsabschluss und bieten Sie einen zusätzlichen Bonus an, wenn der Mitarbeiter nach der Probezeit im Unternehmen bleibt. Sagen Sie von Anfang an klar, wann welche Prämie gezahlt wird – so schaffen Sie Transparenz.

Online-Stellenbörse statt Tageszeitung
Was früher die klassische Stellenanzeige in Tages- und Fachzeitungen war, ist heute das Gesuch in Online-Stellenbörsen. Sie sind preiswerter und haben eine höhere Reichweite als Printmedien – allein das spricht für sie. Außerdem lässt sich die Suche auch lokal eingrenzen. Echt prima, was da

heute alles möglich ist! Zu den bekanntesten Stellenbörsen zählen unter anderem monster.de und Stepstone. Dazu gibt es zahlreiche kleinere, regionale oder branchenspezifische Angebote. Mit Jobportalen erreichen Sie häufig mehr potenzielle Bewerber – auch weil ihre Nutzer häufig neue Angebote per Mail bekommen. Der Kandidat muss selbst also gar nicht mehr aktiv werden, um von Ihrem Angebot zu erfahren. Er muss sich bei Interesse nur noch darauf bewerben. Und auch hier können Sie es ihm so einfach wie möglich machen. Bieten Sie ihm die Möglichkeit der Online-Bewerbung oder der Bewerbung per E-Mail an. Beides entlastet auch Sie und die Kollegen in der Personalabteilung: Die Bewerbungsunterlagen können leichter gespeichert und weiterverarbeitet werden. Die Papierflut entfällt. Und Sie sparen sich das zeit- und kostenaufwändige Zurücksenden der Bewerbungsunterlagen.

Ein weiterer Vorteil: Sie können in den Online-Börsen aktiv nach Mitarbeitern suchen. Wer sich als potenzieller Bewerber registriert, kann Angaben zu seiner Qualifikation, seinem Werdegang und seinen Wünschen abspeichern – und für Unternehmen freigeben. Damit müssen Sie nicht mehr darauf warten, wer sich bei Ihnen bewirbt – Sie können selbst aktiv werden!

PRAXISTIPP:

Geeignete Kandidaten bei Online-Stellenbörsen finden

Bringen Sie das Profil Ihres potenziellen Mitarbeiters auf den Punkt: Welche Anforderungen sind wichtig? Und mit welchem Schlagwort lässt sich diese Anforderung am besten beschreiben? Definieren Sie Schlüsselwörter für die relevanten Suchfelder. Wenn sinnvoll, grenzen Sie Ihre Suche ein – in dem Sie sich nur Kandidaten aus Ihrer Stadt, Ihrer Region, mit einer bestimmten Berufserfahrung anzeigen lassen.

Nutzen Sie neben den großen Job-Portalen auch fachspezifische Stellenbörsen. Auf den Vertrieb spezialisiert sich beispielsweise **www.salesjob.de, www.akquisejobs.de** und **www.vertriebsjobs.de**. Berücksichtigen Sie auch die Online-Stellenbörsen der Branchen, für die Sie tätig sind.

Sind Sie unsicher, ob die Stellenbörse wirklich so gut ist, wie sie behauptet? Zweifeln Sie an der Reichweite, den Nutzerzahlen? Dann schauen Sie sich die Angebote anderer Unternehmen an. Wie viele Stellenangebote sind hinterlegt? Wie viele werden an einem Tag online gestellt? Wie aktuell sind sie? Wie viele potenzielle Bewerber haben ihr Profil hinterlegt? Und wie gut ist die Website gepflegt? All dies gibt Hinweise darauf, ob Ihr Geld hier gut angelegt ist.

Karrierenetzwerk Social Media

Ein Nachteil der Online-Stellenbörsen: Hier hinterlegen nur diejenigen ihr Profil, die aktiv auf der Suche sind. Oder aber zumindest sehr fest vorhaben, in den kommenden Monaten ihren Job zu wechseln. Was aber ist mit denen, die toll in ihrem Job sind – aber nicht aktiv suchen? Die vielleicht offen für Angebote sind – aber keine Veranlassung haben, sich auf dem Markt umzuschauen?

Auch diese Kandidaten sind für Sie nicht unerreichbar. So können Sie den passenden Kandidaten direkt auf offene Vakanzen ansprechen – auch wenn er (noch) für Ihren Wettbewerber arbeitet. Selbst wenn er ablehnt, haben Sie zumindest auf Ihr Unternehmen als potenziellen Arbeitgeber aufmerksam gemacht. Und wer weiß – in zwei, drei Monaten sieht die Situation für ihn ganz anders aus. Und er meldet sich bei Ihnen.

Sie sind nicht sicher, ob jemand in Ihrem Netzwerk den Anforderungen entspricht? Kein Problem – nutzen Sie die Möglichkeit des Active Sourcing. Suchen Sie in den Business-Netzwerken XING und LinkedIn mit Hilfe der „Erweiterten Suche" nach den entsprechenden Schlagworten. Lassen Sie sich im ersten Schritt nur Ihre persönlichen Kontakte anzeigen. Ist niemand dabei, erweitern Sie die Suche einfach auf die Kontakte Ihrer Kontakte. Ist dann ein potenzieller Kandidat dabei, können Sie sich von Ihrem Kontakt als Arbeitgeber empfehlen lassen – und über ihn vielleicht mehr über den Kandidaten erfahren, als in seinem Profil steht.

Alternativ können Sie Ihre Suche über das eigene Netzwerk sowie das Ihrer Mitarbeiter hinaus ausweiten. Mit XING finden Sie beispielsweise auch potenzielle Kandidaten, die nicht zu Ihrem Netzwerk gehören – und die Sie dann entsprechend kontaktieren können. Dabei ist natürlich Fingerspitzengefühl gefragt.

PRAXISTIPP:

Active Sourcing

Die Zeiten, in denen Unternehmen auf den Eingang der Bewerbungen ihres Traumkandidaten warten mussten, sind dank Social Media vorbei. Spezielle Business-Netzwerke wie XING und LinkedIn ermöglichen es Ihnen, aktiv nach einem geeigneten Kandidaten zu suchen und ihn direkt anzusprechen. Dabei müssen natürlich auch hier Spielregeln eingehalten werden – selbst wenn der Kandidat in seinem Profil angibt, auf Stellensuche oder zumindest offen für Angebote zu sein.

So verweist die Hamburger Anwältin Nina Diercks (Quelle: Die Informationen im Folgenden stammen von ihrer hilfreichen Website **www.socialmediarecht.de**) darauf, dass der Angesprochene – zumindest theoretisch – der Ansprache via Mail oder Social Media vorher zustimmen muss – auch dann, wenn er in seinem XING-Profil angibt, dass er „berufliche Chancen" sucht. In der Praxis ist dies nicht möglich. Auch ist noch nie ein solcher Fall vor Gericht gekommen. Schließlich sind die meisten Mitglieder bei XING und LinkedIn eher offen für eine Kontaktaufnahme.

Wer sicher gehen möchte, kann auch zum Telefon greifen. Personalverantwortliche, die sich für diesen Weg entscheiden, sind rechtlich auf der sicheren Seite: Sie dürfen Kandidaten unangekündigt beim Arbeitsplatz anrufen. Dies setzt natürlich voraus, dass die Telefonnummer angegeben wird. Zudem sollte das Gespräch dann kurz gehalten werden.

Entscheiden Sie sich für die Kontaktaufnahme per Direktnachricht, sollten Sie folgende Tipps beachten, damit Ihre Nachricht nicht zu Missstimmung führt:

- Versenden Sie keine Massenmails, sondern sprechen Sie den Empfänger persönlich an.

- Begründen Sie, warum er in Ihren Augen der geeignete Kandidat ist. Was ist Ihnen an seinem Profil aufgefallen?

- Respektieren Sie seinen aktuellen und die vergangenen Arbeitgeber. Vermeiden Sie abwertende Formulierungen – dies könnte auch wettbewerbsrechtliche Folgen haben!

XING erlaubt die Angabe von Karrierewünschen. Ist in dem Profil deutlich erkennbar, dass der Kandidat nicht an Angeboten interessiert ist, sollten Sie dies respektieren.

Die Recherche in freizeitorientierten Netzwerken nach geeigneten Kandidaten wird übrigens durchgehend kritisch betrachtet und auch dementsprechend rechtlich bewertet. Hier sollten Sie sich zurückhalten. Ebenso mit der Speicherung von Kandidaten-Informationen. Hier dürfen nur die Angaben gespeichert werden, die aus öffentlich zugänglichen Profilen stammen.

Viele XING-Mitglieder haben die Ansicht ihrer Karrierewünsche so ein-gestellt, dass sie nur für Headhunter sichtbar sind. Wer will seinen Chef schon darauf aufmerksam machen, dass ein Wechsel nicht ausgeschlossen ist? Zusammen mit den weiteren Optionen, die die spezielle – aber teure – Mitgliedschaft für Personalverantwortlichen – können Headhunter Sie bei der Suche über XING und andere Kanäle wirkungsvoll unterstützen.

Social Media eignen sich aber auch, um Ihr Unternehmen und die Karriere-möglichkeiten darin vorzustellen. Achten Sie darauf, dass Sie sich dabei nicht verzetteln – kein Unternehmen muss in jedem Netzwerk vertreten sein. XING beispielsweise eignet sich hervorragend, wenn es um das Recruiting von Verkäufern im deutschsprachigen Raum geht. Mit LinkedIn erreichen Sie potenzielle Mitarbeiter auch im Ausland. Bewährt hat sich auch Facebook – hier sind längst nicht mehr ausschließlich Jugendliche unterwegs. So können Unternehmen eigene Karriere-Sites veröffentlichen und sich dort gezielt als Arbeitgeber positionieren. Potenzielle Mitarbeiter können unter **https://www.facebook.com/careers/** gezielt nach Jobs suchen. Wer gefunden werden möchte, kann seine Berufserfahrungen und Kenntnisse seinem Profil hinzufügen und wird dann anhand dieser Stichworte über die Facebook-eigene Graph-Search gefunden.

Achten Sie bei der Ansprache über Social Media darauf, wie Sie mit dem potenziellen Mitarbeiter in Kontakt treten. Sprechen Sie ihn auf seinem persönlichen Account an, kann dies als Stalking empfunden werden. Anders sieht es aus, wenn Ihr Unternehmen eine Karriere-Site auf Facebook hat und die Ansprache darüber erfolgt. Ein erster Schritt hier kann es sein, sich einfach mit Kommentaren zu beteiligen und dann eher en passant und später einen Gesprächswunsch zu äußern.

Eine solche Site eignet sich übrigens auch hervorragend dazu, Videos zu verbreiten, die Sie bei YouTube einstellen. Gewähren Sie Einblicke in Ihr Unternehmen. Lassen Sie Mitarbeiter zu Wort kommen.

Denken Sie aber auch daran: Social Media lebt von der Geschwindigkeit. Achten Sie auf Antworten und Kommentare zu Ihren Postings. Schauen Sie zwei- bis dreimal am Tag in den Sozialen Netzwerken vorbei. Ist schließlich „nur" das Managen von weiteren Briefkästen. Hier liegt die Veränderung und die Chance zugleich!

Employer Branding

Audi, BMW, Volkswagen und Porsche – nicht nur tolle Namen. Marken. Sondern laut Trendence Graduate Barometer 2013 (Business Edition) die beliebtesten Arbeitgeber bei den Studenten der Wirtschaftswissenschaften. Google steht auf Platz 8, Apple hat es immerhin auf Platz 11 geschafft. Mit all diesen Marken verbinden wir ein Bild, eine Vorstellung. Begehrenswerte Produkte. Lifestyle. Wir wissen, für welche Werte sie stehen. Welches Lebensgefühl sie uns vermitteln. Und wie Menschen, die sich mit diesen Marken und ihren Produkten umgeben, von Freunden, Verwandten, Kollegen und Kunden wahrgenommen werden.

Die positive Ausstrahlung der Marken macht diese Unternehmen zu attraktiven, zu begehrten Arbeitgebern. Dabei wird diese Sogwirkung auf potenzielle Mitarbeiter nicht nur durch den Glamour der Produkte als solches ausgelöst, sondern auch auf das Image, das ein Unternehmen hat – als Arbeitgeber, in seiner Rolle als „verantwortungsvoller Bürger", durch seinen Umgang mit Dienstleistern, Zulieferern, Nachbarn und Behörden, durch seinen Beitrag zum Umweltschutz und sein soziales Engagement. Faktoren, die in der Unternehmensstrategie, der Unternehmensphilosophie verankert sein müssen. Die aber auch in jedem Geschäftsbereich, in jeder Abteilung und von jedem Mitarbeiter verkörpert werden sollten.

Employer Branding ist kein Geschenk, sondern harte Arbeit. Es ist – so die Definition der Deutschen Employer Branding Akademie – die identitätsbasierte, intern wie extern wirksame Entwicklung und Positionierung eines Unternehmens als glaubwürdiger und attraktiver Arbeitgeber – als „Employer of Choice". Dabei spielen bei der Ansprache bestehender und potenzieller Mitarbeiter Faktoren wie berufliche Perspektiven, fachliche Anforderungen, Sicherheit und Bezahlung sowie die Vereinbarung von Freizeit, Familie und Beruf die entscheidenden Rollen. Aber auch das Image eines Unternehmens – bei Kunden, Lieferanten und Mitarbeitern. Ebenso wie die Werte, die es vermittelt.

Identifikation ist ein starkes Motiv
Warum ist das so? Wir alle wollen uns mit dem, was wir tun identifizieren. Anders gesagt: Kein Bürokrat würde sich bei IKEA bewerben. Umgekehrt würde niemand, der Spaß an Visionen und Experimenten hat, freiwillig als Steuerberater anheuern.

Employer Branding zeigt den Menschen auf subtile Weise an, welche Mitarbeiter passen. Welches Verhalten gewünscht ist. Welche Kompetenz benötigt wird. An welche Markenattribute auch die Mitarbeiter glauben, sie verkörpern sollen. Ob Zahlenmenschen ins Team passen oder Visionäre. Macher oder Denker. So wird die Personalbeschaffung effizienter, die Gefahr von Fehlbesetzungen wird ebenso wie die Kosten der Personalbeschaffung reduziert. Auf lange Sicht wird so sogar der Unternehmenswert erhöht.

PRAXISTIPP:

Seien Sie unverwechselbar!
Die Arbeitgebermarke

Um Ihre Traumkandidaten überzeugen zu können, müssen Sie als Arbeitgeber attraktiv sein. Sich von Wettbewerbern durch Einzigartigkeit abheben. Es muss etwas Besonderes sein, für Sie arbeiten zu können – und dies nicht nur am Anfang, sondern auch nach fünf, zehn oder mehr Jahren.

Bauen Sie dazu Ihre Arbeitgebermarke gezielt auf – mit Unterstützung der Personal- und Marketingabteilung. Definieren Sie Ihre Arbeitgebermarke. Diese Fragestellungen helfen Ihnen dabei:

1) Wie möchten Sie sich als Arbeitgeber positionieren? Was ist Ihre Employer Value Proposition?

2) Welche Alleinstellungsmerkmale sprechen für Sie als Arbeitgeber?

3) Wie können Sie das beweisen? Welche Argumente, Zitate belegen diese Aussage?

Daraus ableitend können entsprechende Maßnahmen entwickelt werden, mit denen potenzielle Bewerber angesprochen werden. Dazu zählen die Karriereseite des Unternehmens, Präsenz in Social Media, auf Messen u. v. m.

Jeder Bewerber wird das Bild, das er vom Unternehmen als Arbeitgeber hat, noch während des Bewerbungsprozesses automatisch mit seinen Erfahrungen abgleichen. Hier kommt Ihnen als Führungskraft eine besondere Vorbildfunktion zu: Sie müssen die Werte der Unternehmensphilosophie, die Aussagen der Arbeitgebermarke mit Leben füllen. Bleiben Sie dabei authentisch. Konzentrieren Sie sich auf die Werte und Botschaften, hinter denen Sie stehen.

PRAXISTIPP:
Was bindet Sie an Ihr Unternehmen?

Warum arbeiten Sie in dieser Branche? Warum haben Sie sich bei Ihrem aktuellen Arbeitgeber beworben? Welche Argumente, welche Werte haben Sie überzeugt? Warum arbeiten Sie in dieser Position und warum sind Sie der/die Richtige? Wo wurden Ihre Erwartungen erfüllt? Welche Werte standen auf dem Papier – werden aber nicht gelebt? Und wo wurden Ihre Erwartungen übererfüllt? Die Antworten auf diese Fragen können Ihnen dabei helfen, die Arbeitgebermarke zu schärfen. Und Ihrer Rolle als Vorbild besser nachzukommen.

Wenn Sie ein umfangreicheres Meinungsbild haben wollen, sollten Sie zudem Ihre Mitarbeiter und Kollegen danach befragen, wie sie das Unternehmen wahrnehmen. Und warum neue Kollegen sich unbedingt für diesen Arbeitgeber entscheiden sollten.

Übrigens: Wenn Sie wissen möchten, wie (ehemalige) Mitarbeiter und Bewerber über Ihr Unternehmen denken, sollten Sie einen Blick auf Kununu riskieren. Hier werden Arbeitgeber aus Sicht der Mitarbeiter bewertet – anonym und offen. Dabei haben Sie auch hier die Chance, sich anhand von Videos, Unternehmensporträts, Gewinnspielen und vielem mehr als Arbeitgeber zu präsentieren.

Direktansprache

Hier unterscheiden wir zwischen interner und externer Direktansprache. Die interne Direktansprache wird häufig durch Förderkreise, oder Development Programme sehr erfolgreich umgesetzt. Hier geht es immer darum, internes Potential zu sichten und zu fördern. Bei der externen Direktansprache geht es vor allem darum, ein guter Beobachter zu sein. Dann sind Sie bestens dazu geeignet, Kandidaten direkt anzusprechen – und zwar immer dann, wenn Ihnen ein interessanter potenzieller Bewerber über den Weg läuft. Dies kann im Restaurant oder bei Freunden ebenso der Fall sein wie bei geschäftlichen Kontakten, auf Messen oder in Social Media. Sie sind quasi nie mehr Privat, sondern immer auf der Suche nach neuen Mitarbeitern.

Damit die Direktansprache gelingt, sollten Sie Ihr Gegenüber beobachten. Welche Argumente können ihn überzeugen, welche Motive hat er? Achten Sie bereits beim Gesprächsbeginn auf einen positiven Ansatz. Hilfreich sind Formulierungen wie

„Sie sind mir aufgefallen, ..."

„Bei Ihren Fähigkeiten könnte ich mir sehr gut vorstellen, ..."

„So sympathisch, so qualifiziert wie Sie sind, ..."

„Wenn es für Sie eine Chance gäbe, Ihre Fähigkeiten noch besser einzusetzen, wie…"

„Wenn es eine Möglichkeit gäbe, Ihre Fähigkeiten und mein Wissen zu kombinieren und daraus Karrierechancen zu entwickeln, wie interessant klingt das…?"

Sprechen Sie die Motive Ihres Gegenübers aktiv an – die finanzielle Entwicklung oder auch Karrieremöglichkeiten. Bleiben Sie dabei realistisch – wenn Sie zu hohe Erwartungen wecken, die später nicht erfüllt werden (können) macht Sie das unglaubwürdig. Zudem laufen Sie Gefahr, dass Ihr Kandidat noch während der Probezeit wieder wechselt.

Begegnet Ihnen ein interessanter Gesprächspartner, der selbst für die Tätigkeit nicht in Frage kommt, können Sie vielleicht trotzdem über ihn rekrutieren. Nutzen Sie ihn als Empfehlungsgeber. Sprechen Sie ihn auf sein Netzwerk an und fragen Sie ihn, ob er jemanden empfehlen kann. Dabei eignen sich auch Kunden hervorragend als Tippgeber. Sie kennen die Menschen, von denen sie gern beraten werden. Und wissen, wer sich vielleicht nicht mehr ganz wohl in seinem Job fühlt. Oder aus einem anderen Grund – beispielsweise ein familiär bedingter Umzug – auf der Suche ist.

Wenn Sie die Fähigkeit der direkten Ansprache (intern oder extern) in der Praxis umsetzen, werden Sie die besten Leute im Team und damit ihre Karriere in der Hand haben!

Eine solche indirekte Ansprache kann beispielsweise so eingeleitet werden:

„Einige unserer guten Kunden geben uns die besten Empfehlungen. Deshalb spreche ich heute Sie direkt an: Wir expandieren stark und sind auf der Suche nach neuen Verkäufern. Kennen Sie jemanden, von dem Sie glauben, dass er seine Arbeit sehr gut macht und der zurzeit auf der Suche oder für ein gutes Angebot offen ist?" Oder auch so: „ wem aus Ihrem beruflichen Umfeld würden Sie die Chance geben, mit uns zusammen zu arbeiten …?"

Karriere Lounges und Events

Potenzielle Kandidaten persönlich kennenlernen und mit ihnen ungezwungen ins Gespräch kommen – dies ist der Ansatz von Karriere Lounges. Potenzielle Bewerber und Unternehmen treffen sich dabei in lockerer Atmosphäre und tauschen sich aus. Damit verfolgen die Veranstalter einen ähnlichen Ansatz wie die zahlreichen Karriere-Messen, bei denen die Atmosphäre jedoch sehr viel offizieller ist.

Karriere Lounges werden regional oder auch von einzelnen Unternehmen gestaltet. Bei der zweiten Variante haben Sie die Chance, den Tag ganz nach Ihren Vorstellungen zu gestalten. Warum bieten Sie potenziellen Bewerbern nicht einmal ein Programm, das zu Ihrem Unternehmen passt – mit Musik, Snacks und vielleicht einem Outdoor-Training, einem Bewerbungs-Check oder einem spannenden Workshop?

Eine andere, effiziente Form des Kennenlernens ist das Job-Speed-Dating. Hierbei warten an Zweier-Tischen Unternehmensvertreter auf potenzielle Kandidaten. Den beiden Gesprächspartnern stehen insgesamt zehn Minuten zur Verfügung um zu klären, ob sie intensiver miteinander sprechen möchten. Ertönt der Gong, wandert der Bewerber einen Tisch weiter.

PRAXISTIPP:
Legen Sie sich einen Potenzialordner an

Nicht jeder Bewerber wird sich für Ihr Unternehmen entscheiden. Das bedeutet aber nicht, dass er nie für Sie arbeiten wird.

Heben Sie die Profile der Kandidaten auf, mit denen Sie gerne arbeiten würden. Die für Sie auch noch in sechs oder zwölf Monaten mit größter Wahrscheinlichkeit interessant sind. Sprechen Sie diese Kandidaten drei Monate nach der Absage noch einmal an – haben sie die für sich richtige Entscheidung getroffen? Ist die Aufgabe so spannend, der Verdienst so gut wie erwartet? Am besten eignet sich dafür ein Telefonat. Starten Sie positiv, beispielsweise mit Formulierungen wie „Ich möchte Sie für unser Unternehmen gewinnen. Was erwarten Sie unter diesem Aspekt von einem ersten Gespräch?"

Wer neue Leute rekrutiert, wird es sich erlauben können, bestehende Mitarbeiter zu verlieren. Dies ist natürlich und sogar gut für Sie. Denn Verkäufer brauchen Konkurrenz. Sie müssen sich reiben und möchten wissen, wie gut sie im Vergleich zu anderen sind. Außerdem entstehen weniger Abhängigkeiten. Nur wer rekrutieren, wer Menschen für sein Unternehmen, für seine Ideen gewinnen kann, bleibt souverän auch gegenüber etablierten Leuten im Team. Arbeiten sie in einer Mannschaft mit immer denselben Kolleginnen und Kollegen, fällt diese Haltung auf Dauer weg – und die eigene Motivation und der Spirit im Team lassen nach. Sie sind gezwungen mit denen zu arbeiten, die schon (immer) da sind. Sie können sicher sein: Die Ergebnisse werden schlechter!

Und mit Führung im Vertrieb hat das langfristig wenig zu tun. Ich nenne das in der Praxis dann: betreutes Wohnen. Die Leute haben es sich bequem gemacht, sie wohnen im Büro. Und der Chef dazu. Das wäre das Ende. Wollen Sie das? Wohl kaum!

CHECKLISTE

Geeignete Recruiting-Kanäle auswählen

	Mitarbeiternetzwerke	Online-Stellenbörsen	Social Media	Employer Branding	Kunden	Direktansprache/Abwerbungen	Karriere Lounges und Events
Branchenkenntnisse und eigenes Netzwerk keine Voraussetzung (z. B. Auszubildende, Berufseinsteiger, z. T. Quereinsteiger)		X	X	X			
Erste Berufserfahrung Voraussetzung, Branchenkenntnisse von Vorteil (Nachwuchskräfte, Quereinsteiger)		X	X	X			
Studium Voraussetzung, erste Berufs- und Branchenerfahrung wünschenswert (Young Professionals)		X	X	X			
Berufs- und Branchenerfahrung Voraussetzung; eigenes Netzwerk erwünscht (Berufserfahrene)	X	X	X	X	X	X	X
Mehrjährige Berufs- und Branchenerfahrung sowie eigenes Netzwerk Voraussetzung (Führungskräfte)	X	X	X	X	X	X	X

Der Einstellungsprozess

Bewerbungsunterlagen geben Ihnen einen ersten Eindruck der Kandidaten. Sie sind die Basis für eine Vorentscheidung – basierend auf dem Anforderungsprofil. Doch Qualifikation und Referenzen sind nicht alles: Ihr Mitarbeiter soll ins Team, zum Unternehmen passen. Muss sich mit den Produkten und Dienstleistungen identifizieren. Das alles erfahren Sie nicht aus den schriftlichen Unterlagen.

Bewährt hat sich in der Praxis ein mehrstufiger Einstellungsprozess. Dieser dient dazu, dem Kandidaten auf den Zahn zu fühlen und mehr über seine Hard- und Soft-Skills zu erfahren. Richtig durchgeführt trennt sich dabei schnell die Spreu vom Weizen – und dies, bevor Sie als Führungskraft überhaupt mit einem der Bewerber gesprochen haben.

Wie funktioniert dies genau? Im Idealfall sortiert die Personalabteilung die Bewerbungen vor. Jeder, der aufgrund des Anforderungsprofils nicht in Frage kommt, erhält seine Unterlagen zurück. Ausnahmen werden nur dann gemacht, wenn ein Bewerber positiv überrascht und aus anderem Grund für das Unternehmen interessant ist. Vielleicht auch auf einer ganz anderen Position.

Die übrig gebliebenen Bewerber werden priorisiert. Etwa fünf Kandidaten sollten nun in die engere Wahl kommen. Diese Mappen bekommen Sie. Stimmt Ihre Einschätzungen der Kandidaten mit denen Ihrer Personalabteilung überein, startet für diese Kandidaten der Einstellungsprozess. Während dieser Phase wird sich die Zahl der Bewerber weiter reduzieren. Das wissen Sie, Ihr Team und die Kandidaten.

ÜBERSICHT:

7 Schritte von der Bewerbung bis zur Einstellung

1. Telefoninterview

2. Vier-Augen-Gespräch mit Personaler oder Key Accounter

3. Zweites Auswahl-Gespräch mit Personalleiter und/oder Vertriebsleiter

---

4. optional: Assessment-Center

5. Bewerbertag, Probearbeiten

6. „Seglerfrühstück"

7. Probezeit

Bevor der Kandidat Sie kennenlernt, wird er telefonisch interviewt. Diese Aufgabe übernimmt entweder ein interviewstarker Team-Mitarbeiter, ein Key Accounter oder die Personalabteilung. Inhaltlich geht es dabei um folgendes:

- Konkretisierung des Bildes: Wie genau sah die bisherige Tätigkeit des Kandidaten aus? Welche fachlichen Aufgaben hatte er zu bewältigen? Welche Kundenkontakte besitzt er in der Branche – und wie gut sind diese?

- Zusätzliche Informationen: Hier geht es vor allem um die Soft-Skills. Wie wirkt der Kandidat am Telefon? Wie kommuniziert er? Hört er überhaupt zu? Und wie schnell durchdringt er komplexe Sachverhalte?

- Offene Fragen klären: Das Interview ist zudem die Gelegenheit, offene Fragen zu klären – zum Lebenslauf, den Gehaltsvorstellungen und vieles mehr.

Schritt 2 ist das erste Vier-Augen-Gespräch. Dieses findet mit einem Personalverantwortlichen oder dem Key Accounter statt.

PRAXISTIPP:
Planen Sie Einstellungsgespräche blockweise

Reservieren Sie sich für Einstellungsgespräche einen kompletten Tag. Laden Sie die Bewerber in Abständen etwa einer Stunde ein. Dank des engen Zeitplans bleibt die Gesprächsführung straff und die Bewerber begegnen sich auf dem Flur. Dies erhöht die Wettbewerbssituation.

Denken Sie im Vorfeld daran, dass für die Interviews nur ein begrenzter Zeitrahmen zur Verfügung steht. Machen Sie sich deshalb im Vorfeld bewusst, was Sie von dem Kandidaten erfahren möchten. Sind Fragen zum Lebenslauf offen geblieben? Sind die Aufgaben in den einzelnen Positionen klar? Gibt es Brüche? Häufige Wechsel? Warum ist dies so? Welche Motive haben zu der Berufswahl geführt? Sind seine Erwartungen erfüllt worden? Wie will er sich weiterentwickeln – beruflich und privat?

Planen Sie Zeit für die Fragen des Kandidaten ein. Achten Sie darauf, welche Fragen er stellt – worauf legt er Wert? Was ist ihm wichtig? Lassen Sie bei Widersprüchen nachfragen – beispielsweise, wenn er sich in seiner schriftlichen Bewerbung als „hoch motiviert" beschreibt und im Gespräch dann nach der Häufigkeit von Überstunden oder Geschäftsreisen fragt. Auch wenn zu viele Buzz-Wörter und Phrasen verwendet werden, sollten ihm auf den Zahn gefühlt werden. Was meint der Bewerber mit „engagiert", „team-fähig" oder „hoch motiviert"? Wie misst er das?

Bereiten Sie gemeinsam mit den Kollegen einen Interviewleitfaden vor. Das hilft, den roten Faden wieder aufzunehmen, wenn die Gesprächspartner abschweifen. So können Sie beispielsweise Fragen vorbereiten, die sich auf das Stellenprofil beziehen. Ergänzt werden sie mit Verhaltensfragen: Was würde der Kandidat in Situation X machen? Beispielsweise bei Reklamationen, schwierigen Kunden oder der Neueinführung eines Produktes. Legen Sie vorher feste Bewertungskriterien fest. Notizen während des Gesprächs sind eine solide Basis für die Beurteilung der Kandidaten – auch zwei oder drei Wochen nach dem Gespräch.

Gemeinsam mit dem Interviewer legen Sie nach dieser ersten Phase fest, welchen Kandidaten Sie kennenlernen. Gemeinsam mit dem Personalleiter laden Sie ihn zu einem zweiten Gespräch ein. Auch hier punkten Sie mit guter Vorbereitung: Klären Sie im Vorfeld, wer welche Rolle übernimmt. Dazu gehört auch, wer welchen Themenkomplex abdeckt. Welche Fragen sind Ihnen wichtig? Worauf kommt es Ihnen an? Auch für das zweite Gespräch sollten ein Interviewleitfaden sowie eine Checkliste für die Dokumentation vorliegen. Der klassische Aufbau sieht folgende Punkte vor:

1) Vorstellung der Gesprächspartner

2) Einleitung – mit Erläuterung, welches Ziel das Gespräch verfolgt und welches Ergebnis zum Schluss erzielt werden sollte. Beispielsweise: „Wir sind heute hier, um uns kennenzulernen und zu schauen, ob wir miteinander arbeiten wollen. In einer Stunde werden wir entscheiden, ob es ein weiteres Gespräch geben wird oder nicht. Beide Entscheidungen sind gut." Dabei lächeln wir freundlich und nehmen der Situation etwas den Druck.

3) Fragen zum Kandidaten: Lernen Sie den Kandidaten durch persönliche und fachliche Fragen kennen. Weshalb möchte er sich für die Position bewerben? Welche fachlichen Kompetenzen bringt er mit? Was macht ihn zum Wunschkandidaten? Welche Stärken bringt er mit ein? Warum sollten Sie sich ausgerechnet für ihn entscheiden?

4) Informationen zur Position: Stellen Sie dem Kandidaten seinen künftigen Job vor. Welche Aufgaben wird er wahrnehmen? Welche Herausforderungen hat er zu bewältigen? Wie kann er sich weiterentwickeln?

5) Situative Fragen: Um herauszufinden, wie er in kritischen Situationen reagiert, schildern Sie Fallbeispiele. Und fragen nach, wie Ihr Gesprächspartner in dieser Situation reagiert hätte. Welche Entscheidungen er getroffen hätte. Und warum.

Stellen Sie ihm Testfragen und Aufgaben, um zu prüfen, ob er wirklich über das angegebene Wissen verfügt.

6) Abschluss: Hat der Kandidat noch Fragen, beantworten Sie diese. Fassen Sie das Gespräch kurz zusammen und erläutern Sie knapp, wie der weitere Prozess ausschaut.

Bereiten Sie sich entsprechend vor. Schauen Sie sich die Unterlagen an und prüfen Sie diese.

- Sind alle Unterlagen vollständig?
- Werden alle Fragen beantwortet?
- Hat der Lebenslauf Lücken?
- In welchen Punkten entspricht das Profil des Kandidaten nicht Ihrem Anforderungsprofil?
- Was interessiert Sie besonders an dem Kandidaten (Sportarten, besondere Hobbies … etc.)

Erstellen Sie vor dem Interview eine Liste mit den Fragen, die Sie dem Kandidaten stellen wollen. Gehen Sie diese vor dem Gespräch nochmals in Ruhe durch. Stellen Sie Unterlagen zusammen, die für seine Entscheidung wichtig sind, aber nicht öffentlich verfügbar sind. Dies können Produktinformationen oder der Geschäftsbericht sein. Legen Sie sich die Bewerbungsunterlagen raus, damit sie beim Termin griffbereit sind und nicht gesucht werden müssen.

Der Interviewleitfaden hilft Ihnen dabei, den roten Faden zu behalten. Ergänzt wird er durch einen Bewertungsbogen. Füllen Sie diesen während oder aber direkt nach dem Gespräch aus. Je später Sie Ihre Notizen machen, umso schwammiger werden sie. Vergeben Sie Noten wie früher in der Schule. Ergänzende Stichworte können sinnvoll sein.

DOKUMENTATION AUSWAHLGESPRÄCH

Kandidat/in: _____

Interviewer/in: _____

Position: _____

Datum: _____

Note (1 bis 6) oder Stichworte

Motivation: _____

Motivation Jobwechsel: _____

Theoretisches Wissen: _____

Branchenkenntnisse: _____

Kontakte: _____

Berufserfahrung: _____

Nachweisbare Erfolge: _____

Erscheinung: _____

Auftreten: _____

Ausstrahlung: _____

Kommunikationsverhalten: _____

Analytisches Denken: _____

Führungskompetenz
(bei Führungspositionen): _____

Teamfähigkeit: _____

Konfliktfähigkeit: _____

Besondere Kompetenzen: _____

Sprachenkenntnisse (Sprache 1): _____

Sprachenkenntnisse (Sprache 2): _____

Note (1 bis 6) oder Stichworte

Welche Niederlagen erlebt? Wie gemeistert?:_____

_____

Gesamteindruck: _____

Persönliche Stärken: _____

Potenziale: _____

Schwächen?: _____

K.O. Kriterien _____

Einkommensvorstellungen_____

Möglicher Eintrittstermin _____

Sonstige Anmerkungen _____

Next Steps _____

_____   _____
Datum   Unterschrift

Fassen Sie die Ergebnisse des Interviews schriftlich für Ihre Unterlagen zusammen. Das hilft Ihnen später bei der Auswahl der Kandidaten. Und es schützt Sie und Ihr Unternehmen vor eventuellen Klagen aufgrund des Allgemeinen Gleichstellungsgesetzes (AGG). Denn anhand des Protokolls können Sie nachweisen, dass die Auswahl nach einer klaren Beurteilungsstruktur erfolgt.

Bitten Sie den Kandidaten, ebenfalls eine Zusammenfassung (am besten direkt im Anschluss an das erste Gespräch) anzufertigen und Ihnen diese zu schicken. Gleichen Sie die Eindrücke und Inhalte miteinander ab. Haben Sie die Situation ähnlich erlebt? Was hat er in positiver, was in negativer Erinnerung? Deckt sich das mit Ihren Eindrücken? Das Feedback hilft Ihnen dabei, die Kandidaten weiter einzugrenzen.

PRAXISTIPP:

So bleiben Sie attraktiv für Bewerber!

Gute Vertriebsmitarbeiter sind rar. Und sie haben oft mehrere Angebote. Um den Wettkampf um die besten Talente zu gewinnen, müssen Sie deshalb attraktiv bleiben. Zeigen Sie dem Bewerber, dass er nicht der einzige Kandidat ist. Dass nicht nur er, sondern auch Sie die Wahl haben. Achten Sie darauf, dass sich die Bewerber sehen. Dass sie bei den Gesprächsterminen aufeinander treffen. Damit bauen Sie eine Wettbewerbssituation auf und entfachen den Kampfgeist bei allen, die sich ernsthaft für die Position interessieren.

Das bringen Assessment Center und Bewerbertage

Trotz dieser Vorbereitung können Sie sich bei der Auswahl des Kandidaten noch irren. Denn im Gespräch lässt sich vieles behaupten. Erfahrungen der Kollegen lassen sich als eigene ausgeben. Situative Fragen mit angelerntem Wissen beantworten, auf das der Bewerber in der realen Situation nicht zurückgreift – weil er nicht mit dem Druck umgehen kann oder glaubt, er wüsste es besser.

Dies ist nicht nur ärgerlich. Es ist teuer. Denn der falsche Mitarbeiter am falschen Platz kostet Geld. Viel Geld. Ein Vertrieb, der nicht die erforderlichen Erfolge bringt, gefährdet das ganze Unternehmen.

Große Unternehmen setzten deshalb auf Assessment Center, um Bewerber auf Herz und Nieren zu prüfen. Dies macht Sinn, wenn Sie Ihre Vertriebsmannschaft regelmäßig aufstocken. Und wenn die späteren Mitarbeiter über ein entsprechendes Jahresgehalt verfügen werden.

Kleine und mittelständische Unternehmen können diesen Auswahlprozess mit Bewerbertagen abbilden. Welche Form Sie auch wählen: In dieser Phase geht es darum, den Bewerber praktische Aufgaben lösen zu lassen – und dies unter Stress. Hier geht es um Preisverhandlungen, Umsatzziele und Akquise. Um Selbstpräsentation und Produktpräsentation. Um Gesprächsführung und Beratungskompetenz. Führen Sie Rollenspiele durch, indem Sie beispielsweise ein Verkaufsgespräch nachempfinden. Machen Sie es dem Kandidaten schwer – nur dann werden Sie erkennen, wo seine Schwächen und Stärken liegen. Ob er gut zuhört und auf die Anforderungen des Kunden eingeht. Wie er mit schwierigen Kunden, mit Einwänden umgeht. Ob er das Produkt gut kennt oder glaubt, mit Halbwissen punkten zu können.

Stellen Sie den Kandidaten vor ungewöhnliche Aufgaben. Wie wird er mit komplexen Situationen fertig? Behält er den Überblick? Sieht er schnell, was er delegieren kann, was er lösen muss? Beliebt sind Aufgaben, bei denen der Kandidat von einer Geschäftsreise kommt und nun diverse geschäftliche und private Aufgaben lösen muss, die er in Form von Zetteln, Mails, Postings im Intranet oder der internen Facebook- oder What's App-Gruppe, Telefonlisten oder in anderer Form vorfindet. Solche „Postkorbaufgaben" dienen dazu, Organisationsstärke, Ausdauer und Kreativität eines Kandidaten zu erkennen.

Wie erkennen Sie wirklich Teamplayer?

Legen Sie in Ihrem Unternehmen viel Wert auf Teamarbeit? Es gibt wohl kein Unternehmen, keinen Unternehmer und keinen Vertriebsleiter, der darauf keinen Wert legt. Denn auch wenn Sie am liebsten lauter Alphatiere rekrutieren, die auf eigene Faust zum Jagen losrennen, so profitieren doch alle davon, wenn Sie aus den Individualisten schlussendlich ein Alpha-Team machen können!

Um die Teamfähigkeit und -willigkeit jenseits der gesprochenen Beteuerungen „klar bin ich ein Teamplayer" vorab checken zu können, bauen Sie ins Assessment eine Gruppenpräsentation ein. Lassen Sie mehrere Teilnehmer die Präsentation einer gestellten Aufgabe vorbereiten. Inhalte, Struktur, Präsentationsstil und Rollenverteilung bei der Präsentation werden von den Teilnehmern festgelegt. Gruppendynamik, Vorgehensweise, Struktur und (Selbst-)Führung sind ausschlaggebende Faktoren, die analysiert werden können.

Nicht zu unterschätzen: das soziale Teaming. Nun können Sie ja nicht gut fragen: „Wie gut kommen Sie auf der gesellschaftlichen Bühne mit Menschen, Kunden, zurecht?" – was soll der oder die Bewerber da schon antworten? Also gehört dies ins Assessment! Ganz einfach so: Gönnen Sie den Kandidaten – scheinbar – eine kleine Pause. Laden Sie sie zum gemeinsamen Mittagessen ein. Wer zeigt wirklich gute Etikette – denken Sie dran, dass dieser Mensch später Repräsentant und Botschafter Ihres Hauses und Ihrer Firmenkultur ist? Wer ist ein angenehmer Tischnachbar? Wer beherrscht den Small Talk? Wer betreibt ein gutes Mood Management und geht auch in dieser stressigen Situation positiv auf die anderen – die ja auch Wettbewerber sind – ein? Gerade, wenn später umsatzstarke Kunden betreut werden sollen, sind dies wichtige Aspekte. Denn auch wenn die Compliance-Regeln immer strenger werden: Gemeinsame soziale Veranstaltungen, Essen, Messen, Branchenveranstaltungen, Diners mit Kunden und Vertriebsmitarbeitern, teils auch Wettbewerbern, werden ständig auf der Terminliste Ihres neuen Vertriebsmitarbeiters stehen. Und Umgang führt zu Umsatz!

Karrierecheck mit Persönlichkeitstypologien

Sie möchten mehr über die Persönlichkeitsstruktur der Kandidaten erfahren? Hier helfen Ihnen Typologien und Werkzeuge wie beispielsweise INSIGHTS MDI® weiter. Typologien geben Hinweise darauf, wie Menschen in Situationen handeln werden. Ob sie eher emotional oder analytisch veranlagt sind. Das kann Ihnen bei der Frage helfen, ob ein Kandidat in Ihr Team passt. Und Hinweise darauf geben, ob er/sie der/die Richtige für die ausgeschrieben Position ist.

Dabei gilt: Jede Typologie kann Ihnen nur eine Orientierung geben. Sie kann ein Bild abrunden. Nicht mehr. Nicht weniger. Und meiner Erfahrung nach ist sie für junge Führungskräfte eine brauchbare Orientierung.

Das INSIGHTS-MDI®-Modell geht auf den Psychologen Carl Gustav Jung zurück. Es stützt sich auf die Erkenntnisse von Jolande Jacobis und den amerikanischen Psychologen William Moulton Marsten. Mich überzeugt es unter anderem, weil es mit eingängigen Farbzuweisungen arbeitet: mit rot, gelb, grün und blau. Dabei werden jedem Typ Eigenschaften zugeordnet. Wir setzen INSIGHTS MDI® in unseren Trainings und Prozessen immer wieder ein.

HINTERGRUND:

Persönlichkeitstypen beim INSIGHTS-MDI®-Modell

Roter Typ: Er ist dominant, extrovertriert und fordernd. Er tritt entschlossen und willensstark auf, geht sehr sach- und zielgerichtet sowie ergebnisorientiert vor. Dieser risikofreudige Typ ist autoritär und ständig aktiv. Damit eignet sich der rote Typ hervorragend zur Neukundengewinnung.

Gelber Typ: Initiativ, umgänglich und fröhlich, offen, überzeugend und redegewandt – so wird der gelbe Typ beschrieben. Er besitzt eine positive Ausstrahlung und ist bemüht, mit anderen Menschen gute Beziehungen aufzubauen. Im Vertrieb kann er hervorragend zur strategischen Weiterentwicklung von Bestandskunden eingesetzt werden.

Grüner Typ: Er ist eher introvertiert veranlagt und wird als mitfühlend und geduldig bezeichnet. Grüne Typen gelten als zuverlässig und sicherheitsorientiert. Sie möchten mit ihren Mitmenschen spannungsfrei und kooperativ zusammenleben und –arbeiten. Diese Eigenschaften können ihn im Innendienst wertvoll machen.

Blauer Typ: Er geht besonnen und präzise vor. Visionen sind nicht seine Sache. Er denkt analytisch und ist introvertiert. Daher wirkt er oft distanziert. Dank seiner Gewissenhaftigkeit und seine Art, Informationen permanent zu hinterfragen, ist er der Typ für individuelle, auf den Kunden ausgerichtete Angebote.

In der Realität gibt es natürlich zahlreiche Mischformen – kein Typ tritt in Reinkultur auf. Dies gilt übrigens für alle Typologien.

Spätestens jetzt sollten Sie sich für Ihren Wunschkandidaten entschieden haben. Laden Sie ihn für einen oder zwei Tage zum Probearbeiten ein. Beobachten Sie ihn beim Telefonieren. Fahren Sie mit ihm zu Kunden. Testen Sie ihn, bevor Sie sich enger an ihn binden.

Machen Sie sich während dieser Phase Notizen. Vergeben Sie für einzelne Punkte Schulnoten – oder nutzen Sie ein anderes Messsystem. Aber bleiben Sie dann konsequent bei diesem – denn nur was man messen kann, kann man auch verbessern. Schreiben Sie gegebenenfalls dazu, warum Sie zu dieser Einschätzung kommen.

CHECKLISTE PROBEZEIT/PROBEARBEIT

Auftreten gegenüber Vorgesetzten _____

Auftreten gegenüber Kollegen _____

Auftreten gegenüber Kunden _____

Pünktlichkeit _____

Zuverlässigkeit _____

Manieren _____

Branchenkenntnisse _____

Produktkenntnisse _____

Weiterbildungsbereitschaft _____

Motivation _____

Neugier/Wissensdurst _____

Selbstständiges Arbeiten _____

Kritikfähigkeit _____

Karrierewillen _____

Stärken _____

Schwächen _____

Potenziale _____

Abweichungen von Angaben im Bewerbungsgespräch/
Bewerbungsunterlagen

_____

_____

Sonstiges

_____

_____

_____   _____
Datum   Unterschrift

Hilfreich ist auch ein Anruf beim Ex-Arbeitgeber. Hier können Sie direkt
nachfragen, ob Sie den Kandidaten richtig einschätzen. Welche Erfolge
er wirklich erreicht hat. Wie er sich gegenüber Kunden und Kollegen ver-
hält. Bekommen so einen Eindruck von der Passung Eigenbild – Fremd-
bild des Kandidaten.

PRAXISTIPP:

Seglerfrühstück

Sie möchten wissen, wie Ihr Team Ihren Kandidaten annimmt? Ob er sich einfügen kann oder es mit ihm eher zu Unruhen kommt? Dann machen Sie doch eine einfache Probe: Laden Sie Ihr Team und den Kandidaten zum Frühstück ein. Positionieren Sie den Bewerber neben Ihren eigenen Platz, stellen Sie ihn jedoch nicht vor. Greifen Sie beim Frühstück nicht ein, bauen Sie keine Brücken. Am Ende des Frühstücks lassen Sie Ihr Team darüber abstimmen, ob der Bewerber zum Team passen könnte und eine Chance bekommt.

Gleichzeitig kann der Bewerber für sich entscheiden, ob er mit dem vorgestellten Team zusammenarbeiten möchte. Das ist eine rein emotionale Komponente. Sie entscheidet am Ende und auch zu Beginn. Wie fast immer und überall im Leben. So wird auch eine Mannschaft auf einem Segelschiff final zusammengestellt. Es gilt immer die Regel: erst wer, dann was!

Gegen die Rest-Unsicherheit hilft die Probezeit. Sie verschafft Ihnen die Chance, die Zusammenarbeit drei bis sechs Monate in der Praxis zu erproben. Ganz nach dem Motto „Unter den Augen des Herrn werden die Kühe fett" können Sie beobachten, wie lang die Begeisterung des Anfangs anhält. Wie viele Erfolge der neue Vertriebsmitarbeiter erreicht hat.

Nutzen Sie die Probezeit intensiv, um Ihren neuen Mitarbeiter kennenzulernen. Beobachten Sie ihn beim Telefonieren. Hat er Außentermine, begleiten Sie ihn – zumindest sporadisch. Achten Sie darauf, wie gut er vorbereitet ist. Wie gut er das Produkt kennt, das er verkauft. Ob er die Werte Ihres Unternehmens, Ihrer Marke, Ihres Produktes vertritt.

Ist der Kandidat vielversprechend, obwohl die Erfolge noch ausbleiben, kann die Probezeit nochmals verlängert werden. Ist klar, dass es nicht klapp, sollte ein glatter Schlussstrich gezogen werden. Dabei kann das Arbeitsverhältnis in dieser Zeit unkompliziert gekündigt werden. Doch Vorsicht: Die Probezeit ist auch eine Bewährungsprobe für Sie! Genau wie der Kandidat müssen Sie als Arbeitgeber, als Führungskraft überzeugen. Denn genauso schnell wie Sie ihm, kann er auch Ihnen kündigen.

Sprechen Sie vor Ablauf der Probezeit auch mit Ihren Mitarbeitern über den neuen Kollegen. Wie erleben sie ihn? Passt er ins Team? Ist er ehrgeizig? Was fällt positiv auf? Was negativ? Welche Potenziale hat er? Wie stellen wir ihn uns in 3 Jahren vor? Würden wir von ihm kaufen?

Kapitelfazit

**Dies ist für mich aus diesem Kapitel besonders wichtig –
um diese Punkte werde ich mich noch genauer kümmern:**

1) _____

2) _____

3) _____

4) _____

5) _____

_____

_____

_____

KAPITEL 2

So arbeiten Sie neue Mitarbeiter richtig ein: Onboarding

IHR CHECK AUF EINEN BLICK

WORUM es in diesem Kapitel geht

WAS ist in diesem Aufgabenbereich zu tun?	Die neue Vertriebsmitarbeiterin, der neue Verkäufer ist an Bord – nun startet die Onboarding-Phase, die sich vom „Antrittstag" bis rund 6 Monate nach Eintritt ins Unternehmen erstreckt. In dieser Zeit geht es darum, das neue Teammitglied richtig einzuarbeiten, ins Team zu integrieren, auszubilden und zu trainieren, es richtig an die Kunden und Marktgebiete heranzuführen.
WARUM ist es zu tun?	Das Onboarding ist die sensibelste Phase in der Mitarbeiterbeziehung überhaupt. Hier werden die Weichen für kommende Erfolge und Entwicklungen, für Umsätze und motivierte Leistungen gelegt – aber eben auch für Demotivation, Enttäuschung, inneres Abrücken von der gegenseitigen Entscheidung, zusammen zu arbeiten. Gerade im Vertrieb tickt hier eine Zeitbombe, denn neue Mitarbeiter erhalten in der Onboarding-Phase Zugang zu sensiblen Informationen und Kundendaten, viel Energie und Ressourcen wird darein gesteckt, sie bei Kunden und in Märkten einzuführen – und statistisch gesehen entscheidet sich innerlich schon ein Großteil in dieser Zeit wieder dafür, das Unternehmen zu verlassen. Und all die Informationen und Kontakte mitzunehmen. Dem wirken Sie mit einer guten Führung in der Onboarding-Phase erfolgreich entgegen!
WIE konkret ist es zu tun?	**1)** Sie setzen sich in diesem Kapitel mit den 5 Abschnitten der Onboarding-Phase auseinander **2)** … und erhalten für jede Phase das richtige Werkzeug und Tipps für die Entwicklung des neuen Mitarbeiters **3)** Sie überprüfen Ihr eigenes Führungsverhalten, denn als Führungskraft sind Sie in der Vorbildfunktion für Ihre Mannschaft – und in der Onboarding-Phase entscheidet sich das künftige „Führungsverhältnis" zwischen vorgesetzter Führungskraft und Verkäufer **4)** Sie systematisieren Wissenstransfer, Wissenssicherung und die inhaltliche sowie persönliche Weiterentwicklung des neuen Teammitglieds

Die Entscheidung ist gefallen, die neue Mitarbeiterin oder der neue Mitarbeiter kann starten. Doch gerade in der Anfangszeit braucht der Neue Ihre Unterstützung. Braucht Orientierung, worauf es Ihnen, Ihrem Unternehmen und vor allem Ihren Kunden ankommt. Erinnern wir uns an die Studie zur VertriebsIntelligenz®: Der Kunde 3.0 will beraten und in seinen Kaufentscheidungen begleitet werden. Er entscheidet aktiv, wem er zuhört. Und wer vor verschlossenen Türen bleibt. Er will sich mit den Produkten identifizieren, mit denen er sich umgibt – und mit den Werten, für die sie stehen. Und diese Werte will er bereits auch bei Ihnen, bei Ihrem Mitarbeiter wiederfinden.

Genau hier kommen Sie ins Spiel: Ihre Aufgabe ist es, die Werte im Vertrieb zu verankern. Den Wissenstransfer und die Querkompetenzen Ihrer Mitarbeiter zu fördern. Und sie entsprechend zu fördern, zu begleiten und zu führen.

Werte im Vertrieb – Ihre Rolle als Vorbild

Wie kann Ihnen das gelingen? Zunächst einmal, indem Sie selbst das verkörpern, was Sie von Ihren Mitarbeitern erwarten. Walk your talk! Klingt banal, ist aber nicht selbstverständlich. Und schon gar nicht einfach. Nicht auf persönlich-individueller noch auf organisationaler Ebene: Denn nur zu oft geben sich Unternehmen nur den Anschein, bestimmte Werte zu verkörpern. Geben sich nach außen ökologisch, gesetzestreu und fair – und innen wird Verdrängungswettbewerb gepredigt, wird bestochen und gelogen. Dabei gilt: Das, was Ihre Mitarbeiter innen erleben, tragen sie auch nach außen. Werden sie fair behandelt, wirkt sich dies auf ihren Umgang mit Kunden aus. Wird ihnen beigebracht, dass langjährige, zufriedene Kunden wichtiger sind als der schnelle Abverkauf, werden sie sich darauf einstellen. Stehen sie unter permanentem Druck, geben sie diesen nach außen weiter – indem sie ihren Kunden so viel wie möglich verkaufen – unabhängig davon, ob der Kunde es braucht oder nicht. Die Konsequenz: Der Kunde schließt die Tür. Ist verärgert. Und schließt vom Vertriebsmitarbeiter auf das gesamte Unternehmen.

Nur wenn Werte und Einstellungen von Unternehmen und Bewerber zueinander passen, wird der Mitarbeiter langfristig Gas geben!

Alles andere ist Augenwischerei! Wer einer anderen Denke anhängt, aus einer anderen Unternehmenskultur stammt oder sich verbiegen muss, wird das nicht lange tun. Wenn es um die „richtige Dosierung" geht, sagen Handwerker schon einmal: Nach ganz fest kommt „ab"!

Für Sie bedeutet dies: Machen Sie sich klar, für welche Werte Sie, Ihre Abteilung und Ihr Unternehmen stehen. Beziehen Sie Position. Formulieren Sie Ihre Erwartungen an Ihre Mitarbeiter, Ihre Abteilung genau. Dies können Sätze sein wie beispielsweise: „Wir beraten und begleiten unsere Kunden." Oder „An erster Stelle steht die Zufriedenheit des Kunden, nicht der schnelle Abverkauf". Das bedeutet aber auch, dass in die Beurteilung eines Mitarbeiters – vor allem am Anfang – neben seinen Vertriebserfolgen auch seine Beratungskompetenz einfließt. Wie geht er mit den Kunden um? Bereitet er langfristige Erfolge vor? Hält er sich an potenziellen Kunden fest, bei denen deutlich ist, dass sie mit dem Produkt, der Dienstleistung nichts anfangen können?

Je deutlicher Sie Ihre Erwartungen zu Beginn formulieren und Ihr eigenes Handeln an diesen Erwartungen ausrichten, umso besser gelingen Ihnen die Führung Ihres Teams und das Onboarding des neuen Mitarbeiters.

Der erste Tag: Das findet der neue Mitarbeiter vor

Bereits der erste Arbeitstag entscheidet darüber, wie motiviert der neue Vertriebsmitarbeiter startet. Damit nichts schief geht, sollten Sie, sollte Ihr Unternehmen auf diesen Tag vorbereitet sein. Haben Sie an alles gedacht? Die folgende Checkliste verrät es Ihnen!

CHECKLISTE

Basisausstattung für neue Mitarbeiter

☐ Arbeitsplatz, wenn nötig mit PC, Internet-Zugang und E-Mail-Account

☐ Telefon mit Durchwahl, Weiterleitung auf das Handy

☐ Verzeichnis wichtiger Ansprechpartner in den Abteilungen (Wen kann ich fragen?) und Telefonverzeichnis

☐ Code of Conduct, Vision und Mission

☐ Ausgaben des Mitarbeiter- und/oder Kundenmagazins

☐ Info-Fahrplan für die ersten Wochen

☐ Produktinformationen

☐ Feste Termine für Feedback, Ende der Probezeit eintragen

☐ Hilfestellungen für die Verkaufsgespräche:

    ☐ Argumentationsleitfaden

    ☐ Fragetechnik

    ☐ Einwandbehandlung

    ☐ Empfehlungsansatz

Nehmen Sie sich für die Begrüßung des neuen Mitarbeiters Zeit. Erläutern Sie ihm, welche Unterlagen Sie für ihn vorbereitet haben. Sorgen Sie dafür, dass er die wichtigsten Kollegen kennenlernt – entweder, in dem Sie mit ihm einen Rundgang machen oder aber einen Mitarbeiter darum bitten. Beschränken Sie sich dabei nicht auf die eigene Abteilung. Je besser Ihre Mitarbeiter im Unternehmen vernetzt sind, umso schneller und selbstständiger können sie arbeiten, können sie Lösungen und individuelle Angebote für die Kunden erarbeiten.

Schulungen: Produktwissen vermitteln, Verkaufskönnen entwickeln, Einstellung stärken

Arbeitsausstattung und Rahmenbedingungen sind geklärt, der neue Mitarbeiter weiß, was von ihm erwartet wird. Nun muss er in die Lage versetzt werden, Ihre Produkte verkaufen zu können. Muss Kunden kennenlernen, mit denen er künftig zu tun hat. Die Zielgruppen, die er ansprechen soll. Er muss wissen, wie er neue Kunden gewinnt!

Dieses Wissen erschließen Sie ihm mit Produkt- und Vertriebsschulungen. Sie vermitteln Sicherheit über Produktfeatures und Nutzen für den Kunden. Bieten die Gelegenheit, Fragen zu stellen und Wissen zu vertiefen. Praxisübungen wie das Verkaufsgespräch geben die Chance, das Erlernte auszuprobieren. Hier kann er auch direkt erfahren, ob seine Verkaufstaktik zur Firmenkultur passt. Wo er abweicht, was er zu beachten hat. Direktes, ehrliches und konstruktives Feedback ist hier gefragt!

Tipp: Oft vernachlässigt, aber immens wichtig ist eine Schulung zum eingesetzten CRM-System (Customer Relation Management System). Richtig genutzt, ist ein CRM immer echtes Gold – kaum zu verstehen, dass in sehr vielen Firmen das in der Tiefe der Datenbank verbuddelt statt gehoben wird! Die hier gespeicherten Kundendaten und -informationen helfen dem neuen Mitarbeiter, sich im Vorfeld ausführlich über seinen Gesprächspartner zu informieren. Seine Bedürfnisse, Wünsche und Anforderungen kennenzulernen. Anknüpfungspunkte für den Small Talk zu finden. Sympathie aufzubauen. Das wissen Sie – na klar! Und dann sorgen Sie dafür, dass Ihre neuen Mitarbeiter unbedingt ausführlich auf Ihr CRM geschult werden, und zwar gemeinsam mit dem Back Office. Damit haben Sie dann auch schon eine mögliche Streitfalle für die Zukunft zwischen diesen beiden Firmenbereichen ausgeschaltet.

PRAXISTIPP:

Aufbau der Onboarding-Phasen

1) **Der erste Tag:** Empfang, Informationen, Einführung

2) **Die erste Woche:** Trainings, praktische Übungen, Kundenbesuche

3) **Der erste Monat:** Begleitung bei Erst- und Zweitgespräch, Bordsteinkonferenz, Helikopter

4) **Das erste halbe Jahr:** Coaching on the Job, Feedbackschleifen, Mitarbeitergespräche, Trainings

5) **ab dann:** Feedback-Coaching, monatliche Mitarbeiter-/Zielgespräche

Sie sind der Coach! Neue Mitarbeiter in der Startphase begleiten

Mit dieser Vorbereitung hat der neue Mitarbeiter das theoretische Rüstzeug, um in Ihrem Team erfolgreich zu sein. Standbein Nr. 2 für den Erfolg ist die Einarbeitungsphase in der Praxis. Fahren Sie im ersten Monat gezielt mit Ihrem neuen Mitarbeiter zum Kunden. Planen Sie drei bis zehn gemeinsame Besuche ein – je nachdem, wie schnell sich der Neue ins Team, ins Unternehmen einfindet. Wie viel Verkaufserfahrung, wie viel Branchenkenntnisse er mitbringt.

Setzen Sie ihn in den ersten Gesprächen auf die „Ersatzbank": Hier hat er vor allem eine Aufgabe: Zuhören und von Ihnen zu lernen. Direkt nach dem Termin – am Besten im Auto oder am „Bordstein" (kann ein Restaurant, Hotel etc. sein). Was ist Ihrem Mitarbeiter aufgefallen? Wo erkennt er die Werte wieder, auf die Sie Wert legen? Was hat er gelernt? Was notiert? Wie geht er damit um…?

Bei weiteren Gesprächen übergeben Sie ihm die Führung. Nun sind Sie in der Rolle des Zuhörers. Haben die Chance, ihn zu beobachten. Vereinbaren Sie im Vorfeld einen Code, eine Formulierung, mit dem er Ihnen den Staffelstab übergeben kann. Damit erhält er die Sicherheit, sich bei Bedarf aus dem Gespräch zurückzuziehen, ohne sein Gesicht zu verlieren. Behalten Sie sich aber auch das Recht vor, ebenfalls einzugreifen, wenn das Gespräch in die falsche Richtung läuft. Oder Ihr neuer Mitarbeiter wichtige Aspekte vernachlässigt. Auch hier ist es wichtig, dass die Spielregeln klar sind. Vereinbaren Sie für diese Fälle eine Formulierung wie „Und das, was Ihnen XY gesagt hat, lieber Kunde, ist deshalb so, weil …". Mit dieser Formulierung ergreifen Sie die Initiative, fassen quasi ins Lenkrad, können ggf. korrigieren. Hier sind Sie als Coach, als Trainer gefragt.

(PS: Ein kurzer Hinweis, den Sie bitte als nützlich und nicht als Werbung annehmen: Falls Sie Ihre trainerischen Kompetenzen als Vertriebsführungskraft ausbauen wollen, steht Ihnen die Train-the-Trainer-Ausbildung von Buhr & Team mit Expertenkönnen offen: **www.buhr-team/ttt.com**)

Feedback: Unmittelbar, klar, wertschätzend, verstärkend
Auch im Anschluss an dieses Gespräch findet unmittelbar und direkt eine „Bordsteinkonferenz" statt. Beschreiben Sie dem neuen Mitarbeiter Ihren Eindruck von seinem Auftreten: „Was haben Sie besonders gut gemacht? Was ist Ihnen gut gelungen? Was noch? Wo hätten Sie anders argumentieren können oder sollen?" Wo liegen die Stärken, wo die Potenziale, was kann und muss besser laufen? Warum haben Sie eingegriffen? Wie genau war das eben? Geben Sie ihm Hinweise, was anders besser laufen sollte – und erklären Sie ihm, wie er diese Punkte konkret anders und damit potenziell besser machen kann.

Nach jedem dieser Kundenbesuche schreibt Ihr Mitarbeiter ein Feedback-Protokoll. Was lief gut, was hat gefehlt? Was hat er daraus konkret gelernt, was macht er beim nächsten Mal besser? Auch Sie fassen Ihre Eindrücke in einem Protokoll zusammen, das – gemeinsam mit dem Feedback-Protokoll des Mitarbeiters – Bestandteil der Personalakte werden kann. So können Sie jederzeit prüfen, ob die vereinbarten Fortschritte erreicht wurden. Ob er die Hinweise auf Verbesserungspotenzial nicht nur hört und wiedergibt, sondern auch umsetzt. Und Sie haben am Ende der Probezeit dokumentierte Argumente, auf deren Basis Sie entscheiden können, ob es für den Mitarbeiter eine Zukunft in Ihrem Unternehmen gibt.

Im Folgenden finden Sie ein Formular, in dem Sie die Ergebnisse der Bordsteinkonferenz für das Reporting, das für Ihre Vertriebskennzahlen wichtige Berichtswesen, dokumentieren können. Das kann händisch oder auch, und das wäre am besten, mobil und vom Tablet aus ins CRM eingetragen werden.

Besuchsbericht

Auftrag vom _____   Volumen _____

Verkäufer

| | | | | | | | | | | | | | | | | | | | | | | | | | | | | | | | | | | | | | |
Name   Vorname   VK-Nr.:

Achtung: Die nachstehenden Felder dienen der Wiedergabe von Informationen und Daten aus dem Verkaufsgespräch. Diese Daten sind nur für den internen Gebrauch bestimmt. Sie werden ins interne CRM eingepflegt.

Persönliche Angaben des Kunden:

Name _____   Vorname _____   ☐ weiblich ☐ männlich Geb.datum _____

☐ selbstständig   ☐ angestellt   Details zur Situation (Hobbies, etc.) des Kunden:

Firma _____   _____

Ort _____   _____

Straße _____   _____

dort tätig seit _____   _____

Art der Tätigkeit _____   _____

mtl. Bruttoeinkommen Kunde _____

mtl. Bruttoeinkommen Partner/in _____

| Tel. privat _____ | E-Mail-Adresse _____ |
| Tel. geschäft. _____ | Homepage, Social Media, Blogs _____ |

Verkaufsleiter:

Oben näher bezeichnetes Neugeschäft wurde von mir recherchiert.

Name _____   Vorname _____

VK-Nr.: _____

Recherche am _____

Bemerkungen _____   ┌──────────┐
_____   │ alles   │
_____   │ o.k.   │
_____   └──────────┘

Unterschrift _____   _____ Datum

Geschäftsführer:

Der anliegende Vertrag soll   ☐ mit / ☐ ohne nebenstehender Recherche eingereicht werden. Ich befürworte diesen Vertrag.

Bemerkungen _____   ┌──────────┐
_____   │ alles   │
_____   │ o.k.   │
_____   └──────────┘

Unterschrift _____   _____ Datum

Abb: Beispiel eines Berichtsformulars

Statten Sie Ihre Mitarbeiter so aus, dass sie Informationen und Eindrücke direkt nach dem Kundengespräch in das CRM eingeben können – entweder via Netbook oder Tablet. Nur so stellen Sie sicher, dass keine Informationen verloren gehen oder Angaben aus verschiedenen Kundengesprächen nicht durcheinander geworfen werden.

Zu den gängigen CRM-Tools für Verkäufer zählt beispielsweise salesforces. Die Cloud-Lösung ist seit 1999 auf dem Markt und ermöglicht es Mitarbeitern aus einem Unternehmen, Kundeninformationen abzuspeichern und sich in Gruppen und Foren zu unterschiedlichen Fragestellungen auszutauschen. Damit unterstützt Salesforces auch den Wissenstransfer im Unternehmen.

Auch andere Anbieter wie SAP bieten neuerdings mit „cloud customer" entsprechend Cloud basierende CRM-Lösungen an.

Geben Sie den Mitarbeitern schrittweise Freiraum

Nach dem ersten Monat wird es Zeit, Ihrem neuen Mitarbeiter etwas mehr Freiheiten zu lassen. Lassen Sie ihn selbstständiger arbeiten, aber halten Sie kontinuierlich Kontakt zu ihm! Mailen Sie, telefonieren Sie mit ihm. Stellen Sie aktiv Fragen nach seinen Erfahrungen. Horchen Sie nach, wo er noch Unterstützung braucht. Geben Sie ihm Tipps und nennen Sie ihm Ansprechpartner. Lassen Sie sich Erfolge zeigen – und seien Sie aufmerksam, wenn pauschale Antworten, aber keine Details genannt werden. Stellen Sie ruhig ab und zu Kontrollfragen zu Kunden und Gesprächen. Bleiben Sie fair und geben Sie offenes und konstruktives Feedback. In dieser Phase fühlen Sie ihm auf den Zahn. Merken schnell, ob er die Produkte bereits gut genug kennt oder die Werte verinnerlicht hat.

Lassen Sie ihn in Begleitung erfolgreicher Vertriebsmitarbeiter zum Kunden fahren. Sorgen Sie für Situationen, in denen er lernen kann, was er besser machen kann. Und vor allem: Wie er es besser machen kann.

Die Zeit, die Sie für die Mitarbeiterbetreuung einkalkulieren müssen, hängt dabei von der Größe Ihres Teams ab. Je mehr Mitarbeiter Sie führen, je größer Ihre Vertriebsmannschaft ist, umso mehr werden Sie als Vertriebsleiter auch zum Animateur, zum „Chief Entertainment Officer". Kümmern sich um die Mitarbeiter, sprechen mit ihnen. Achten auf ihre Seelenzustände, ihre Motivation, ihre Zufriedenheit. Übernehmen Verantwortung für die Stimmung im Team. Lösen Konflikte. Reagieren bei schwelender Unzufriedenheit. Informieren die Mitarbeiter über neue Produkte, geänderte Rahmenbedingungen, neue Anforderungen, die Unternehmens- und Abteilungsstrategie. Und damit über alles, was die Mitarbeiter brauchen, um erfolgreich zu sein. Um ihren Job gut zu machen. Um sich auf ihre Aufgaben zu konzentrieren.

Dazu gehört es auch, dass Sie sich bei Bedarf die privaten Sorgen anhören. Ihren Mitarbeitern bei Bedarf Hilfestellungen wie kleine Auszeiten, Trainings oder Coachings anbieten. Ihnen nach einer harten Phase Anerkennung zollen – durch eine Einladung zum Essen, ein Eis am heißen Nachmittag oder andere Aufmerksamkeiten. Dabei zählt die Geste, nicht das Budget.

Die ersten Wochen

PRAXISTIPP:
Fordern und fördern Sie Leistungsträger!

Verkäufer lieben den Wettkampf untereinander. Sie brauchen den Kick und die Anerkennung. Für Sie als Führungskraft bedeutet das: Fördern und fordern Sie Ihre guten Leute, Ihre Leistungsbringer! Erkennen Sie ihre Leistungen an, sorgen Sie aber auch für neue Herausforderungen. Zu leichter Erfolg macht müde und träge – das wollen weder Sie noch Ihre Mitarbeiter.

Belohnen Sie Leistungsträger mit entsprechenden Boni. Wie gehen Sie mit Anerkennungen für persönliche Erfolge um? Diese gehen gezielt an die Mitarbeiter, die nachweislich etwas geleistet haben, das deutlich über dem Durchschnitt liegt. Achten Sie dabei auf einheitliche Regeln. Wann gibt es einen Extra-Bonus? Wie hoch ist er? So motivieren Sie alle Mitarbeiter im Team zu mehr Leistung.

Das Geheimnis liegt darin, eben NICHT alle gleich zu behandeln – und das heißt: individuell nach der jeweiligen Ausgangssituation und Lage. Das heißt nicht, alle über einen Kamm zu scheren, damit wird man den wenigsten gerecht, zwar gleich aufmerksam, gleich wertschätzend, gleich unterstützend, gleich fordernd und gleich fördernd. Aber eben NICHT gleich, was die Bewertung von Leistung und NICHT gleich behandelnd, was das Ergebnis angeht.

Das bedeutet aber auch, sich von Mitarbeitern zu trennen, wenn sie nicht die geforderte Leistung, oder wenn sie nicht die notwendigen Ergebnisse erbringen. Neue Mitarbeiter haben dabei immer einen Vertrauensvorschuss. Schauen Sie bei ihnen genauer hin: Wo sind die Ursachen für nicht erreichte Ziele? Die Gründe? Braucht er mehr Informationen, um das Produkt, die Dienstleistung verkaufen zu können? Identifiziert er sich mit dem Produkt? Wenn nein – warum nicht? Unterstützen, helfen begleiten Sie ihn – sagen Sie ihm aber auch, was Sie von ihm erwarten. Sollte er seine Leistungen nicht steigern, schlechte Ergebnisse bringen – Ihre Erwartungen also weiterhin enttäuschen – ist eine Trennung am Ende nur konsequent. Unfair? Nein, wenn es klipp und glasklar ist. Besser ein Ende mit Schrecken, als ein…naja Sie wissen schon!

Während der gesamten Probezeit sollten Sie Verbesserungen bei Ihrem neuen Mitarbeiter beobachten können. Dies gilt auch für Top-Verkäufer: Auch sie müssen sich in dem neuen Team integrieren, sich mit der Unternehmenskultur und den Werten, den Produkten und Dienstleistungen auseinandersetzen. Achtung: gerade erfahrene Verkäufer tun sich schwer, in einem neuen Unternehmen wieder „neu und unten" zu beginnen. Sie überschätzen sich selbst und unterschätzen oft die neuen Herausforderungen. Alte Hasen tun sich schwerer, altes über Bord zu werfen UND Neues anzunehmen. Das kann zum Problem werden. Niemand wird direkt am ersten Tag 100 % geben können. Zum Ende der Probezeit sollte er aber wichtige Etappen zu diesem Ziel hinter sich gelassen haben.

Trotzdem braucht Ihr neuer Mitarbeiter auch zum Ende der Probezeit noch Ihre Unterstützung. Es ist die Phase des Coachings. In den ersten Wochen muss der/die Neue genau beobachtet, begleitet, unterstützt und hier und da auch gefordert werden. Erst ist die Leine kurz, der Grad der Selbstständigkeit wird schrittweise höher! Der Onboarder kann mit der Zeit schließlich an der „langen Leine" geführt werden. Er arbeitet weitestgehend selbstständig, wird von Ihnen beobachtet, kontrolliert und begleitet. Er erhält im Rahmen der Telefonate und der persönlichen Gespräche Hilfe zur Selbstreflexion. Hinweise und Tipp, was er verbessern kann. Vermittelt weiteres Hintergrundwissen und Verkaufsargumente für die Produkte und Dienstleistungen. Und wird so nach und nach aufgebaut.

So gelingt der Wissenstransfer im Vertrieb

Haben Sie sich schon einmal überlegt, wie viel Wissen Sie sich im Laufe Ihrer Berufszeit angeeignet haben? Über die Produkte und Dienstleistungen, die Sie verkaufen. Ihr Unternehmen und seine Geschichte. Den Markt und die Wettbewerber. Die Kunden, mit denen Sie es zu tun haben. Die Zielgruppen. Die Erfahrungen, die Menschen mit Ihren Produkten gemacht haben. Auch wenn es Ihnen nicht immer präsent ist: Sie tragen einen wertvollen Schatz in sich. Einen Schatz, der täglich wächst. Auf dem Sie aufbauen können – und dies auch instinktiv tun. Der die Basis, aber auch ein Ergebnis Ihres Erfolges ist.

Und so wie Ihnen geht es Ihren Mitarbeitern. Jeder für sich ist ein wandelndes Lexikon. Eine Erfahrungs-Bibliothek, von denen andere profitieren können. Man muss sie nur anzapfen.

Genau hier liegt Ihre Herausforderung: Sie müssen zum einen eine Atmosphäre schaffen, in der Mitarbeiter ihr Wissen gerne und bereitwillig teilen. In der Wissen nicht mit Macht, sondern mit Kompetenz gleichgesetzt wird. In der die Offenheit herrscht, dieses Wissen zu teilen – ohne Angst davor zu haben, die eigene Stellung im Team zu schwächen.

Shareconomy: (gerade) auch Wissen muss geteilt werden!
Auch hier geht es um Werte. Um das Miteinander. Gelingt es Ihnen, die Philosophie des Sharings, des Teilens in Ihrem Team zu etablieren, haben Sie gegenüber dem Wettbewerb einen klaren Vorteil.

Damit dies gelingt, müssen Sie zunächst Vorbild sein. Lassen Sie Ihre Mitarbeiter, Ihr Team an Ihrem Wissen teilhaben. Berichten Sie von Ihren Erfahrungen. Helfen Sie bei Bedarf. Seien Sie Ansprechpartner. Stellen Sie interessante Fachlektüre zur Verfügung. Leiten Sie Links zu aktuellen Studien und Marktentwicklungen an Ihr Team weiter. Fragen Sie nach, ob das Material interessant war. Ob es bei der täglichen Arbeit geholfen hat. Oder Anregung zu neuen Denkweisen gegeben hat.

Ermuntern Sie Ihr Team, es Ihnen gleich zu tun. Ihre Kollegen – und auch Sie – auf interessante, hilfreiche Fachartikel aufmerksam zu machen. Fördern Sie den internen Austausch. Per Mail, per Telefon, in den Restaurants und Hotels. Und legen Sie eine Database für das Wissen im Unternehmen an. Prozesse und Erfahrungen müssen dokumentiert werden. Ein internes „UnternehmensWiKi" kann eine Idee sein. Eine Zertifizierung ebenso. Dies zwingt zu glasklarer Prozessbeschreibung. Das schafft Klarheit und spart Geld und Zeit. Wenn auch danach gehandelt wird. Was leider selten der Fall ist. Wieder ein Führungsthema!

Je besser sich die Kollegen untereinander kennen, je mehr sie über die gesammelten Erfahrungen wissen, umso besser gelingt der Wissenstransfer. Versetzen Sie Ihre Mitarbeiter deshalb in die Lage, Wissen aktiv abzufragen.

Hilfreich sind auch interne Netzwerke, in denen sich die Mitarbeiter austauschen und schnell nach Informationen recherchieren können. Dies kann in einem eigenen Netzwerk geschehen, das im Intranet integriert wird. Oder vielleicht auch eine geschlossene Gemeinschaft in einem externen Netzwerk.

Collaborative Work: Wissen in Teams erstellen und sichern

Diverse Anbieter bieten Lösungen an, die auf den Vertrieb zugeschnitten sind. Mitarbeiter, die gemeinsam an einem Projekt arbeiten, können sich in Gruppen austauschen. Dokumente gemeinsam bearbeiten. Nach Ansprechpartnern suchen. Den Team-Mitgliedern eine Frage stellen und kurzfristig Antworten erhalten. Antworten zu einem späteren Zeitpunkt nachschlagen. Persönlich miteinander kommunizieren. In Echtzeit. Unabhängig davon, ob sich alle in ein und demselben Büro befinden. Oder ob der Kollege, mit dem sie sich austauschen gerade aus dem Gespräch mit dem Kunden kommt. Nutzen Sie die Social Media, die Philosophie des Sharings in Form eines internen sozialen Netzwerks gezielt für sich und Ihr Unternehmen. Loben Sie gute Beiträge. Weisen Sie darauf hin, wenn Ihnen ein Eintrag bei einer Aufgabe geholfen hat.

Etablieren Sie Informationsmedien wie beispielsweise einen monatlichen Vertriebsnewsletter, in dem über Märkte und Wettbewerber berichtet wird.

PRAXISTIPP:

So geben Sie Anreize

Bei der erfolgreichen Einführung eines internen sozialen Netzwerks kommt es darauf an, den Einzelnen von den Vorzügen des Netzwerks zu überzeugen. Je nach Charakter und Technologie-Affinität stoßen Sie dabei auf Vorbehalte. Oder aber das Interesse lässt nach einem ersten Hype rapide nach. Sorgen Sie deshalb dafür, dass das interne Netz für die Mitarbeiter Anreize bietet:

- Informationen/Wissensdatenbank wie ein „UnternehmensWiki"
- Geschlossene Erfa-Gruppen für den Erfahrungsaustausch
- Tools, Formulare
- Termine
- Vorteilsangebote – werden oft in Kooperation mit Partnern angeboten
- Fotodokumentationen von Firmenveranstaltungen

- Success Stories
- Best-practice-Beispiele
- Wettbewerbe
- etc.

TIPP: Oft kann ein solches Netzwerk auch durch eine geschlossene Gruppe auf Facebook oder WhatsApp rsp. einen anderen Messenger-Dienst ersetzt werden. Wichtig ist, dass Sie die entsprechende Regelkommunikation einfügen und alle Ihre Vertriebsmitarbeiter wissen, was sie dort finden und wann an Live-Kommunikationssessions teilzunehmen ist.

Wissenstransfer: wichtig beim Einstieg, wichtig im Team, wichtig beim Ausstieg

Wissenstransfer ist aber auch dann wichtig, wenn Mitarbeiter Ihr Team verlassen wollen. Was sie in ihrem Kopf mitnehmen, ist für Ihr Unternehmen unwiderruflich verloren – wenn es nicht entsprechend der Vorgaben im Unternehmen (elektronisch) verschriftet, gespeichert und weitergegeben wurde. Und dies gilt nicht nur für Vertriebsmitarbeiter, sondern auch für Mitarbeiter in den Fachabteilungen. Für Projektmanager und Produktentwickler, deren Produkte verkauft werden sollen. So musste ein Anbieter elektronischer Kommunikations-Tools einmal die böse Erfahrung machen, dass er einen Kunden verloren hat, der ein einfaches Update eines interaktiven Formulars wollte. Das Problem: Niemand im Unternehmen wusste, wo und unter welchem Dateinamen der Projektmanager die Daten gespeichert hat. Sie waren schlicht nicht auffindbar. Und eine Neuentwicklung war dem Unternehmen nicht zu verkaufen. Der ehemalige Projektmanager war nicht erreichbar – der Kunde war weg. Wegen eines einfachen Prozessfehlers. Und dies, obwohl das eigentliche Know-how durchaus noch im Unternehmen war.

Damit Ihnen so etwas nicht passiert, sollten Sie Wissenstransfer systematisch betreiben. Hilfestellung gibt Ihnen dabei dieses Vorgehen:

SYSTEMATISCHER WISSENSTRANSFER

1. Identifizieren Sie, welche Wissensbereiche bewahrt und ausgetauscht werden sollen. Über welche Wissensbereiche, verfügt Ihr Team? Was ist wichtig, um die Marktposition zu halten oder auszubauen?

   Erstellen Sie eine Wissenslandkarte und priorisieren Sie diese. Mögliche Stichworte sind hier Best Practice, Kontaktpersonen, Prozesse etc.

2. Erstellen Sie Vorlagen für Transfer-Dokumente. Dieses zeichnet den Prozess und die Methoden für den Wissenstransfer auf. Geht es um einfache Prozess-Beschreibungen, bieten sich beispielsweise Dokumentationen an. Bei komplexerem Wissen, bei dem Nachfragen zu erwarten sind, können Methoden wie SWOT Visualisierung, Best Practice, ein Survival Guide u.a. helfen.

3. Jetzt geht es darum, das Wissen zu verinnerlichen. Dazu wird es vom Nachfolger rekapituliert und niedergeschrieben – hier kommen wieder die Transferdokumente zum Einsatz. Das so dokumentierte Wissen kann jederzeit nachgeschlagen und ergänzt werden.

Mit diesem Vorgehen erschaffen Sie Schritt für Schritt ein gemeinsames Organisations-Gedächtnis, auf das Ihr Team zurückgreifen kann.

Querkompetenzen gezielt nutzen

Immer wieder wechseln Vertriebsmitarbeiter die Branche. Arbeiten sich in neue Märkte ein. Schauen links und rechts ihrer eigentlichen Aufgaben und lernen so permanent hinzu. Nur: Dieses Wissen wird häufig nicht in ihrem Arbeitsalltag abgefragt. Es liegt brach, weil es nicht zu den etablierten Strukturen, den etablierten Prozessen passt.

Dies sollten Sie ändern! Nutzen Sie die Querkompetenzen Ihrer Mitarbeiter gezielt. Ermuntern Sie Ihr Team, erlerntes Wissen aus anderen

Lebensbereichen in den Arbeitsalltag zu übertragen. Neue Denkprozesse auszuprobieren. Die Philosophie ihres asiatischen Kampfsports in den Berufsalltag zu integrieren. Sich mit den Kollegen aus anderen Abteilungen auszutauschen, um Aufgaben aus neuen Perspektiven betrachten zu können. Und gegenseitig voneinander zu lernen.

Zahlreiche Unternehmen haben dieses brachliegende Potenzial erkannt – und nutzen es gezielt. Bei Google können die Mitarbeiter beispielsweise einen Tag in der Woche machen, was sie wollen. Diese Freiheit wirkt sich positiv aus: Die Mitarbeiter sind motivierter und kreativer. (Quelle: 2bahead: Trendanalyse Arbeitswelt 2025: Führungskräfte müssen umdenken!) Andere Unternehmen ermuntern dazu, Erkenntnisse aus asiatischen Kampfsportarten in den Berufsalltag zu integrieren. Im Mittelpunkt stehen dabei strategische Kniffe, eine stärkere Fokussierung sowie die Stärkung des Vertrauens in die eigene Intuition. Zudem werden so Führungskompetenzen und Kooperationsmanagement gefördert.

Fördern Sie das Querdenken, die aktive Nutzung von Querkompetenzen von Beginn an. Ermuntern Sie Ihre Mitarbeiter bereits in der Onboarding-Phase dazu, Wissen aus früheren Jobs, aus anderen Branchen, aus dem Sport miteinzubringen. Unterstützen Sie Ihr Team durch Perspektivenwechsel: Laden Sie zum Meeting auf ein Ruderboot ein. Gestalten Sie einen Besprechungsraum komplett um, so dass er nichts mehr von einem klassischen Büroraum hat. Sorgen Sie dafür, dass Ihre Mitarbeiter sich in der Kaffeeküche, auf dem Flur austauschen – über die Abteilungsgrenzen hinweg. Und über die beruflichen Themen hinaus.

Der Kunde 3.0 – so bereiten Sie Ihr Team auf ihn vor

Warum ist dies so wichtig? Weshalb sollen Mitarbeiter Zeit mit ungewöhnlichen Prozessen, mit Ideenaustausch verbringen? Herausforderungen neu denken? Ganz einfach: Weil der Kunde 3.0, weil Ihr Kunde genau dies tut. Weil er bestehende Überzeugungen hinterfragt. Weil ein „Das machen wir schon immer so" für ihn kein Argument, aber die Aufforderung zum Wechsel des Anbieters ist. Die Kundenloyalität lässt in allen Branchen dramatisch nach. Weil Sie und Ihr Team mit ganz neuen Anforderungen Ihrer Kunden konfrontiert werden.

Schauen wir uns den Kunden 3.0
einmal genauer an.

Wer ist er, woher kommt er?

Der Kunde 3.0 lässt sich keiner Generation, keiner Gesellschaftsschicht oder politischen Einstellung zuordnen. Er passt nicht mehr in die klassischen Schablonen der althergebrachten Zielgruppen. Selbst wenn er der Generation der Digital Natives oder der Best Agers angehört, oder sich als LOHAS outet – der Kunde 3.0 steht für sich, passt in keine Schublade und muss entsprechend individuell angesprochen werden.

HINTERGRUND:

Alte und neue Zielgruppen – welche Menschen bestimmen unsere Gesellschaft?

Digital Natives: Sie sind mit dem Internet aufgewachsen und können sich ein Leben ohne E-Mail, Facebook und WhatsApp nicht vorstellen. Rund 18,6 Stunden verbringt ein Digital Native wöchentlich online, um zu bloggen, zu shoppen, digitale Medien zu lesen und sich via Social Media zu unterhalten und auf dem Laufenden zu bleiben.

LOHAS steht für „Lifestyle of Health and Sustainability". Wer sich zu dieser Lebensphilosophie bekennt, möchte ohne schlechtes Gewissen genießen. Möchte reisen, ohne der Umwelt zu schaden. Sie sind häufig gut gebildet, haben Geld und lieben es, es auszugeben – aber mit einem guten Gefühl! Durch ihre kritische Auswahl möchten LOHAS nachhaltig auf Produktionsbedingungen und die Schonung natürlicher Ressourcen Einfluss nehmen.

Best Agers, auch Generation 50+ genannt. Zu ihnen zählen etwa 33 Millionen Deutsche bzw. 40 Prozent der Bevölkerung. Bis 2020 werden es bereits 47 Prozent sein, Tendenz steigend. Damit gewinnt diese Bevölkerungsgruppe zunehmend an Bedeutung für Unternehmen – und wirkt sich auf die Marketingstrategien der Unternehmen aus. Sie eröffnen aber auch neue Potenziale, da sich ganz neue Marktsegmente ergeben. Um diese zu erkennen und für sich zu nutzen, ist Querdenken gefragt!

60/90: Steigende Lebenserwartungen führen dazu, dass auch die Menschen zwischen 60 und 90 zahlenmäßig mehr werden. Doch wer jetzt das Bild der alten Oma mit Dutt vor sich hat, irrt: Die heutige Generation 60/90 ist aktiv, Startet noch einmal neu durch – mit neuen berufliche Aufgaben, neuen Ansprüchen, neuen Partnern oder einem neuen Zuhause.

Das Besondere an diesen Zielgruppen sind die Überschneidungen beim kritischen und wertorientierten Konsum. Die Bereitschaft, sich aktiv über Produkte, ihre Herstellung und die daraus resultierenden Folgen für Umwelt und Gesellschaft zu erkundigen. Angebote mit denen des Wettbewerbs zu vergleichen. Freunde und Bekannte um ihre Erfahrungswerte zu bitten. Vergleichsportale aufzusuchen, um sich gezielt zu erkundigen.

Das alles wirkt sich auf Sie, auf Ihr Team aus. Auf Ihre Beratung, Ihre Verkaufsgespräche. Sie müssen heute weitaus mehr über ein Produkt, eine Dienstleistung und die Auswirkungen der Herstellung und Bereitstellung auf Umwelt und Gesellschaft wissen, als noch vor zehn Jahren. Sie müssen auf kritische Fragen vorbereitet sein, mit denen Sie in den 80er Jahren noch nicht rechnen mussten: Nach den Arbeitsbedingungen in Bangladesch, die Entlohnung in Vietnam, den CO_2-Fußabdruck Ihres Produktes, die Herkunft der Rohstoffe oder der Anteil der recyclebaren Teile. Der Kunde 3.0 möchte Finanzprodukte, die sich flexibel seinem Leben anpassen lassen. Denn heute weiß niemand, ob er in fünf Jahren noch in der gleichen Firma, dem gleichen Beruf und mit dem gleichen Gehalt arbeitet. Ob er noch – oder wieder – Single ist. Ob sich seine Interessen, seine Möglichkeiten geändert haben. Und er will ethisch verantwortungsvolle Anlagen. Aktien von Unternehmen, die seinen eigenen Idealen entsprechen. Mit denen er sich identifizieren kann. Die ein positives Image haben.

Der Kunde 3.0 möchte beraten, möchte begleitet werden. Er erwartet von Ihnen, von Ihrem Team, dass er mit seinen Wünschen ernstgenommen wird. Dass er Produkte angeboten bekommt, die zu seinem Lebensentwurf, seinen Einstellungen passen.

Fühlt er sich schlecht beraten oder gar über den Tisch gezogen, zieht er sich schnell zurück. Der Kunde 3.0 ist der neue Experte. Was er wissen muss, kann er selbst recherchieren. Und er teilt seine Erfahrungen mit seinen Freunden, seinem Netzwerk. Auch das ist neu und zugleich sehr typisch für den Kunden 3.0: Er kennt seine Marktmacht. Er weiß, dass er – so individuell er auch ist – nicht allein ist. Dass er mit wenigen Postings und Mausklicks andere dazu motivieren kann, auf Missstände bei Unternehmen, bei Produkten hinzuweisen. Sie öffentlich zu machen.

Was bedeutet dies nun für Sie, für Ihr Team? Sie müssen Ihr Team, Ihren neuen Mitarbeiter für den Kunden 3.0 sensibilisieren. Müssen ihm die Basics für die Beratung vermitteln. Ihm deutlich machen, welche Werte, welche Überzeugungen Sie und Ihr Unternehmen leben. Und dass sich diese Werte auch in der Beratung, im Vertrieb wiederfinden. Das eben nicht der schnelle Abverkauf zählt, sondern die langfristige Begleitung. Dass es Ihnen lieber ist, aufgrund der guten Beratung weiterempfohlen zu werden, als einmalig etwas zu verkaufen und einen unzufriedenen Kunden zurückzulassen.

CHECKLISTE

So bereiten Sie Ihr Team auf den Kunden 3.0 vor

Verabschieden Sie sich vom Preis-Leistungs-Argument. Finanzielle Aspekte sind zwar wichtig, aber nicht ausschlaggebend. Erarbeiten Sie mit Ihrem Team neue Verkaufs-Argumente, die zur Lebenswelt des Kunden 3.0 passen.	☐
Klassische Zielgruppen sind out. Schubladen-Denken bringt die Kunden gegen Ihr Team auf und beschränkt Ihre Marktchancen. Der Kunde 3.0 ist die neue, eine Zielgruppe! Fordern Sie Ihr Team auf, sich gut auf die Gespräche vorzubereiten. Sich im Vorfeld kundig zu machen. Sich im Gespräch Zeit zum Zuhören zu nehmen. Die Motive der Kunden kennenzulernen – nur so können sie zielgerichtet und individuell beraten werden!	☐
Wie gut kennen Sie, kennt Ihr Team, Ihr neuer Mitarbeiter den Kunden und seine Werte? Vor allem im B2B-Segment gilt: Erkundigen Sie sich! Ermuntern Sie Ihren Mitarbeiter, sich vor dem Gespräch die Website anzuschauen. Was verraten Historie, Unternehmenswerte, Corporate Sustainability-Programme und Compliance-Richtlinien über die Werte und Überzeugungen? Und damit über die Rahmenbedingungen für die Auftragsvergabe?	☐

Machen Sie deutlich, dass Sie Wert auf die Einhaltung der Spielregeln legen. Das gilt auch für die Spielregeln Ihres Kunden. Wenn die Auftragserteilung über den Einkauf erfolgt, führt der Weg Ihres Mitarbeiters eben über diese Abteilung. Fordern Sie Ihren Mitarbeiter auf, diesen Weg zu respektieren – ohne den Ansprechpartner in der Fachabteilung zu vernachlässigen.	☐
Arbeiten Sie mit Ihrem Mitarbeiter seine Verkaufsargumentation konkret durch!	☐
Wie gut ist er auf den Kunden 3.0, seine Werte vorbereitet? Hat er Antworten auf Hintergrundfragen wie Produktionsbedingungen, Ökologie und Nachhaltigkeit parat? Sind die Antworten für den Kunden überprüfbar? Was spricht gegen Ihre Produkte oder Dienstleistungen? Und wie kann Ihr Mitarbeiter diesen Argumenten erfolgreich begegnen?	☐
Wie authentisch ist Ihr Mitarbeiter? Welche Schwächen hat er, welche Potenziale? Stärken Sie seine Stärken, machen Sie ihn stark für das Kundengespräch!	☐

Erhöhen Sie die Erfolgsquoten durch die Kompetenzsteigerung Ihrer Mitarbeiter

Je nach bisheriger Laufbahn und den Rahmenbedingungen bei vorherigen Arbeitgebern hat Ihr neuer Mitarbeiter genau dies nicht gelernt: Authentisch sein. Vertriebsintelligent zu argumentieren. Kompetenzen gezielt und sicher einbringen. Den Kunden in den Mittelpunkt zu stellen, und nicht den schnellen Abverkauf. Noch immer gibt es Unternehmen, die von ihren Mitarbeitern eine bestimmte Zahl an Kundengesprächen und eine bestimmte Abschlussquote erwarten – ganz gleich, ob das Produkt dem Kunden auch nur den leisesten Vorteil bringt.

Ermuntern Sie Ihr Team dazu, andere, neue Wege einzuschlagen. Mit Begeisterung, Leidenschaft und Motivation langfristig hervorragende Leistung und kontinuierliche Verbesserung im Vertrieb zu erbringen. Strategisch und vorausschauend zu denken und zu handeln. Ihr Job ist es, Ihr Team in die Lage zu versetzen, vertriebsintelligent zu handeln. Indem Sie die Kompetenzen Ihrer Mitarbeiter stärken – durch persönliche Unterstützung, Wissenstransfer und Weiterbildung. Durch Feedback-Gespräche und Kompetenzentwicklung.

Gehen Sie gezielt vor, um Ihre Mitarbeiter entsprechend ihrer Stärken zu fördern. Dies beginnt bereits beim Onboarding, bei der ersten Phase der Zusammenarbeit.

PRAXISTIPP:

Mitarbeiterkompetenzen zielgerichtet steigern

1) **Ist-Analyse:** Befragen Sie Ihren neuen Mitarbeiter zu seinen Kompetenzen. Welche beruflichen Qualifikationen bringt er mit? Welche Weiterbildungen hat er absolviert? Welche Stärken und Schwächen bringt er mit? Schauen Sie dabei über den Tellerrand hinaus, um auf mögliche Querkompetenzen aufmerksam zu werden. Fragen Sie gezielt nach, wie der neue Mitarbeiter sich selbst einschätzt, wo er unsicher ist. Welche Fähigkeiten und Kompetenzen er gerne trainieren würde.

2) **Maßnahmen festlegen:** Gleichen Sie das Ergebnis der Ist-Analyse mit dem Anforderungsprofil des Mitarbeiters sowie der angestrebten Entwicklung ab. Welche Stärken sollen gestärkt werden? Welche Kompetenzen ausgebaut? Ergeben sich aufgrund der Ist-Analyse womöglich ganz neue Ansätze für den Einsatz des Mitarbeiters? Erarbeiten Sie gemeinsam mit der Personalabteilung einen individuellen Vorschlag für die Weiterentwicklung. Schlagen Sie konkrete Maßnahmen vor – und kommunizieren Sie, welche Ziele, welche Erwartungen Sie damit verbinden.

3) **Evaluationsphase:** Sprechen Sie nach den einzelnen Maßnahmen mit Ihrem Mitarbeiter über seine Erfahrungen, seine Erfolge. Darüber, wie er das Gelernte in seinen Arbeitsalltag integriert. Wie es ihn bei der täglichen Arbeit unterstützt.

Führungscontrolling 3.0

Erinnern wir uns kurz an die vier Ebenen der Führung: Wer andere führen will, muss sich zunächst selbst führen. Muss das eigene Handeln kritisch hinterfragen, sich selbst reflektieren. Wer andere führen will, muss sich selbst führen lassen! Das Wissen, das Können und die Wirkung auf andere müssen immer wieder reflektiert und geprüft werden. Aktive Weiterbildung stärkt die Kompetenzen. Aus Fähigkeiten werden Fertigkeiten. Die eigene VertriebsIntelligenz® wird gefördert. Die Rede ist von Führungscontrolling.

CHECKLISTE

**Hinterfragen Sie die eigene Führung –
wie vertriebsintelligent handeln Sie?**

Ich definiere strategische Ziele größerer Bereiche und setze Leitlinien zur Umsetzung. Dafür stelle ich die notwendigen Ressourcen zur Verfügung und entwickle die Kompetenzen meiner Mitarbeiter im Hinblick auf die Operationalisierung der Ziele	☐
Ich habe ausgezeichnete Führungseigenschaften, binde alle Ebenen in den Kommunikationsprozess ein. Ich integriere Shareholder-Value-Gedanken und erziele überdurchschnittliche Ergebnisse. Außerdem entwickle ich strategische Innovationen zur permanenten Ausweitung der Märkte.	☐
Ich definiere Ziele meiner Arbeitsumgebung, der Abteilung, des Teams und kommuniziere dies meinen Mitarbeitern.	☐
Ich verfüge über ein reichhaltiges Führungsrepertoire aufgrund meiner guten theoretischen Ausbildung und meiner umfangreichen Erfahrung. Ich kommuniziere Strategien, definiere erforderliche Prozesse und passe die Kompetenzen meines Teams über die Lernkurve an.	☐
Ich gelte als ausgewiesener Spezialist in meiner Branche. Dafür verfeinere ich meinen Expertenstatus stetig und habe Lösungen für meine Schwächen installiert.	☐
Ich kenne meine Stärken, fördere und entwickle sie gezielt zum Expertentum. Ich lerne und bilde mich selbst weiter. Ich gestalte Situationen aktiv so, dass meine Stärken zum Tragen kommen.	☐

Ich kenne meine Stärken genau und suche aktiv Situationen, in denen ich diese zur Wirkung bringen kann. ☐

Ich habe eine Vorstellung meiner Stärken, setze sie allerdings erst sporadisch und eher zufällig und außengesteuert ein. Ehrlich gesagt, pendle ich zwischen Stärken- und Schwächenorientierung. ☐

Ich bin in der Lage, mich und andere zur kontinuierlichen Arbeit anzuregen. Ich liefere mit zunehmender Projekt-/Aufgabendauer ständig bessere Arbeitsergebnisse ab. ☐

Ich bin mir aller Aspekte der vier Ebenen der Führung (Selbstführung, Mitarbeiterführung, Teamführung, Unternehmensführung) bewusst und fähig, mich auf der Ebene der Selbstführung zu managen. ☐

Ich habe über die verschiedenen Ebenen der Führung gelesen und mir theoretisches Wissen angeeignet. ☐

Ich bin mir aller Aspekte der vier Ebenen der Führung bewusst und bilde mich ständig über die neuen Erkenntnisse im Bereich der Führung weiter. Ich wende diese Erkenntnisse an und reflektiere ständig meinen Führungsstil, den ich auf allen vier Ebenen ausübe. ☐

Ich bin mir der Aspekte der vier Ebenen der Führung bewusst und erweitere mein theoretisches Wissen ständig, da ich meine Mitarbeiter zu Umsatzerfolg im Unternehmen und persönlicher Zufriedenheit führen möchte. ☐

Ich analysiere selbstständig die betrieblichen Produktionsfaktoren und erstelle mögliche Kombinationsszenarien, die einen Mehrwert erwarten lassen/erzielen. ☐

Ich kann unter Anleitung die betrieblichen Produktionsfaktoren analysieren und kombinieren; ich versuche, darauf einen Weg zur Erzielung eines Mehrwerts aufzubauen. ☐

Ich kann aufgrund unternehmensinterner und externer Analyseergebnisse und persönlicher Beobachtungswerte Produktionsfaktoren so miteinander kombinieren, dass ein schneller, nachhaltiger und deutlicher Mehrwert für das Unternehmen entsteht. Ich entwickle die wirtschaftlichen Visionen und leite dieses Können an die Mitarbeiter weiter, delegiere die unterstützenden Teile der Aufgabe. ☐

Ich entwickle aufgrund der definierten Unternehmensziele die Wachstumsstrategie auf Basis meines Wissens über neue Märkte, neuer Trends, neue Produkte und der aktuellen Wettbewerbssituation. Ich kümmere mich um die Ausweitung bestehender Märkte und versetze mein Team in die Lage, die Ziele operativ umzusetzen. ☐

Ich definiere die Entwicklungs- und Wachstumsdynamik meines Unternehmens und berechne optimale Wachstumsschübe, denn meine Aufgabe ist es, die sichere Eroberung des Zukunftsmarktes für mein Unternehmen zu unterstützen.	☐
Ich unterstütze den Wachstumsprozess meines Unternehmens im Bereich der Zukunftsmärkte durch Abwicklung von Teilprojekten.	☐
Ich generiere Wachstumsziele auf Ebene des Gesamtunternehmens, lege die Marktstrategien für die Zukunft fest und definiere übergeordnete Marktziele und Positionierungsziele. Dafür übertrage ich einzelne Projekte an strategische und operationale Einheiten der Unternehmensentwicklung. Zuverlässig erreiche ich so die definierten Ziele der Eroberung der Zukunftsmärkte.	☐
Ich bin kreativ in der Neudefinition von Prozessen und Verfahren. Ich habe keine Angst, bestehende Prozesse oder Machtverhältnisse im Unternehmen anzugreifen und dafür alternative Vorschläge zu erarbeiten. Am Veränderungsprozess des Unternehmens (Change-Management) bin ich beteiligt.	☐

Je vertriebsintelligenter Sie handeln, umso eher sind auch Sie ein Vorbild für Ihre Mitarbeiter. Für die Betreuung des Kunden 3.0. Und für ein aktives, verantwortungsvolles Handeln, dass nachhaltig zum Unternehmenserfolg beiträgt.

Seien Sie dabei ehrlich zu sich selbst. Denn Selbst(er)kenntnis ist die Grundlage der Selbstführung. Fragen Sie sich regelmäßig

- von welchen Werten Ihr Handeln geleitet wird
- über welche Stärken Sie verfügen, die Sie durch konsequentes Stärkenmanagement noch weiter ausbauen müssen
- welche Potenziale bei Ihnen brach liegen, die Sie stärken sollten
- in welchen Situationen Sie sich führen lassen
- wo Ihr „Engpassfaktor" liegt – welche Potenziale Sie mittels Training, Seminare oder Coaching bearbeiten sollten
- welche Einstellung Sie zu anderen Menschen und zu Ihrem Job haben

- welcher Stresstyp Sie sind und wie Sie mit belastenden Situationen am besten umgehen
- wie Sie mit notwendigen Veränderungen zurechtkommen
- welcher Motivationstyp Sie sind.

Erst diese Selbst(er)kenntnis versetzt Sie in die Lage, verantwortlich, selbstbestimmt, zielorientiert und bewusst zu handeln. Sich selbst – und im nächsten Schritt andere – zu führen.

Kapitelfazit

Dies ist für mich aus diesem Kapitel besonders wichtig – um diese Punkte werde ich mich noch genauer kümmern:

1) _____

2) _____

3) _____

4) _____

5) _____

_____

_____

_____

Kapitel 3

So stellen Sie gute Teams zusammen: Teaming

IHR CHECK AUF EINEN BLICK

WORUM es in diesem Kapitel geht

WAS ist in diesem Aufgabenbereich zu tun?	Teaming hat mehrere Aspekte: Zum einen geht es quasi in der Vor-Rekrutierungsphase darum, dass Sie sich darüber im Klaren sind, wer in Ihrem Team „eigentlich noch fehlt", und zwar inhaltlich UND menschlich. Diese Aspekte müssen analysiert werden und fließen wesentlich in die in Kapitel 1 beschriebenen Profilbeschreibungen ein. Zum zweiten geht es um die Zusammenstellung von High-Performance-Teams und zum dritten um die gute Team-Entwicklung und -Führung, denn überall da, wo Menschen zusammenarbeiten, kracht´s auch im Gebälk.
WARUM ist es zu tun?	Nennen Sie es Verkaufsteam oder nennen Sie es Vertriebsabteilung, nennen Sie es Sales Force oder Vertriebsmannschaft: Unter Ihrer Führung treffen sehr unterschiedliche Menschen aufeinander, die zusammenarbeiten müssen, um das Beste für sich (Gehälter, Boni, Privilegien) und das Unternehmen (Neukunden, Umsätze, Gewinne, Marktanteile) herauszuholen. Die Erfahrung zeigt: Wenn Vertriebsführung da nicht klar, konsequent und zielorientiert ist, artet Verkauf und Vertrieb schnell in Hauen und Stechen aus, in gegenseitige Schuldzuweisungen oder Grenzüberschreitungen. Wer darunter leidet? Kunden, Umsatz, Gewinn: Sie, es fällt schlicht Ihnen der Misserfolg auf die Füße! Achtung!
WIE konkret ist es zu tun?	1) Sie fokussieren darauf, Ihre Vertriebsteams, Innen – und Außendienst, Key Accounter und Back Office so zusammenzustellen, dass 1+1 mehr als 2 ergibt. Dazu erhalten Sie Tools. 2) Als neue Führungskraft im Vertrieb entwickeln Sie Ihr eigenes Führungsverständnis und -verhalten. Dazu setzen Sie sich (kurz) theoretisch mit Führungsstilen und -optionen auseinander. Denn Sie müssen zu einem kohärenten, zuverlässigen Führungsverhalten finden. Zuverlässigkeit schafft Vertrauen! 3) Sie nutzen verschiedene, definierte Gesprächsformen, die Sie in diesem Kapitel kennenlernen, um Konflikte im Team zu lösen.

Unterschiedliche Persönlichkeitstypen zu einem Team zusammenführen

Nicht nur bei den Kunden – auch bei Ihren Mitarbeitern haben Sie es mit Individualisten zu tun. Mit Menschen, die ihre eigenen, ganz persönlichen Stärken und Schwächen, Vorlieben und Abneigungen haben. Die ihre ganz eigenen Motive haben, wenn es um Bestleistungen geht. Motive, die zu dauerhafter Leistung und Zufriedenheit beitragen.

Die MotivStrukturAnalyse MSA® hilft Ihnen dabei, herauszufinden was Ihnen, was Ihren Mitarbeitern wichtig ist. Sie beruht auf der Persönlich-keits- und Motivationsforschung der letzten zehn bis 15 Jahre – und da-mit auf Arbeiten und Hypothesen namhafter Motivationspsychologen wie William McDougall, Abraham Maslow, Paul T. Costa, Robert R. McCrae oder Steven Reiss.

Bei der MSA® stehen die 18 Grundmotive des emotionalen Grundcharak-ters eines Menschen im Mittelpunkt. Ihre Ausprägung bestimmen unsere Persönlichkeit, unsere Antriebe und Wertorientierung wesentlich mit. Im Rahmen der MSA® wird beispielsweise untersucht, ob er nach Wissen strebt oder sich eher pragmatisch nur das Wissen aneignet, das er be-nötigt. Ob ein Mensch zweck-orientiert oder prinzipien-orientiert handelt. Ob er lieber führt und Verantwortung übernimmt oder lieber geführt wird.

Wer die Motivation seiner Mitarbeiter kennt, weiß, was sie antreibt, kann sie gezielt dabei unterstützen, Bestleistungen dauerhaft zu erbringen. Durch die richtige Ansprache und die richtigen Anreize. Die entsprechen-den Positionen im Team und die Form der Anerkennung.

Achten Sie darauf, dass sich diese Persönlichkeitstypen in Ihrem Team ergänzen. Dass sie sich gegenseitig bereichern. Gemeinsam wirklich ein Team bilden können – und nicht einfach eine Ansammlung von Wettbe-werbern sind, die sich gegenseitig die Kunden, die Erfolge streitig ma-chen wollen.

Erfolgreiche Teams aufbauen – so geht's

Als Führungskraft haben Sie die Aufgabe, aus einzelnen Mitarbeitern ein Team zu machen. Diese Tipps helfen Ihnen dabei:

1. Schaffen Sie gemeinsame Ziele!

Erinnern Sie sich an den Bergführer? Michael hat etwas ganz wesentliches geschafft: Er hat die einzelnen Bergsteiger durch das gemeinsame Ziel – den Aufstieg auf den Gipfel – auch emotional miteinander verbunden. Er hat es geschafft, dass nicht jeder nur für sich versucht, sich den Weg nach oben zu bahnen, sondern dass alle auch auf das Team der „Climbers" schauen. Und als dann am 18.4.2014 das Unglück am Basecamp des Everest passierte, ich war ein paar Stunden vorher schon abgestiegen in Richtung Lukla, als die Lawine am Ende 16 Sherpas unter sich vergrub, war es eben schlicht notwendig, dass alle am selben Strang gezogen haben, dass alle auch das Team im Auge hatten. Das hatte Michael erreicht. So hat er den besten geeigneten Mann aus dem Team der „Climbers", es war Joe, Chefarzt und Leiter einer Unfallklinik aus Utha, zum Leiter der Suchexpedition gemacht, um selbst die Hände frei zu haben. Diese Entscheidung war notwendig und richtig, wie sich später herausstellte. Joe konnte es am besten und Michael wurde an anderer Stelle und für die Gruppe der „Climbers" besser gebraucht! So waren sein Bemühen um jeden einzelnen, seine vielen kleinen Einzelgespräche eine wichtige Grundlage für die Entscheidungen. Wir sagen auch „Rapport" dazu.

Jeder von uns, auch Sie können das schaffen: Setzen Sie smarte Ziele – für das Team und die einzelnen Teammitglieder. Definieren Sie Teilziele und achten Sie auf exakte Arbeitsplatzbeschreibungen. So weiß jeder, welche Aufgaben er hat und das Team kann gut aufeinander abgestimmt arbeiten. Die Grundlage für die vermeintlich beste Entscheidung ist der Rapport zum Team.

2. Achten Sie auf die Gruppenstruktur!

Wenn ein Team aus zu vielen Häuptlingen und zu wenigen Indianern besteht, haben Sie ein Problem. Damit die gesetzten Ziele erreicht werden, muss klar geregelt sein, wer das Ziel, wer das Tempo vorgibt. Und wer welche Aufgaben übernimmt. Wer wem zuarbeitet, wo sich vielleicht Aufgaben überschneiden – und wie weit diese Überschneidungen akzeptiert werden müssen. Kurz: Ihr Team braucht eine klare Struktur, ein Beziehungsnetz der Mitglieder und ihrer Positionen in der Gruppe. Legen Sie die Rollen klar fest: Wer ist Chef, wer Stellvertreter? Diese Struktur sollte von allen – zumindest im Prinzip – anerkannt werden.

Natürlich wird es im Vertrieb dazu kommen, dass Ihre Top-Verkäufer miteinander um Vormacht buhlen, für Anerkennung kämpfen. Achten Sie darauf, dass dies in einer der informellen Strukturen geschieht. Dies kann beispielsweise die Beliebtheitsstruktur in der Gruppe sein. Eine weitere informelle Gruppenstruktur ist die Kommunikationsstruktur. Sie entsteht durch den unterschiedlichen Austausch der Informationen innerhalb des Teams.

3. Kommunizieren Sie offen und zeitnah!

Zusammenarbeit erfordert Kommunikation. Zwischen Ihnen und Ihren Mitarbeitern, aber auch innerhalb des Teams selbst. Dazu gehören neben persönlichen Gesprächen und dem Austausch per Mails und in Netzwerken auch die Terminplanung sowie Erinnerungshilfen. Je offener und zeitnaher kommuniziert wird, umso weniger Missverständnisse gibt es.

Achten Sie auch darauf, dass Probleme und Konflikte zur Sprache gebracht werden – sie zu verschweigen bringt nur noch mehr Probleme mit sich.

Achten Sie auch darauf, wie mit (potenziellen) Kunden kommuniziert wird. Legen Sie fest, in welchem Zeitrahmen Mails beantwortet werden. Welcher Ton im Chat herrscht, wie Anrufe entgegengenommen werden etc.

4. Legen Sie die Regeln für's Controlling fest!

Auf welcher Basis wird Erfolg überprüft? Welche Kennzahlen sind wichtig, um zu sehen, ob Sie, ob Ihr Team auf dem richtigen Weg ist? Und wie oft benötigen Sie diese Kennzahlen? Wann haben Sie zuviel, wann zu wenig Information? – Die Antworten auf diese Fragen legen die gemeinsamen „Spielregeln" im Controlling fest.

Legen Sie genau fest, was Sie wann in welcher Form und in welcher Frequenz sehen möchten. Und wie diese Informationen aufgebaut sind – nur so lassen sich Angaben miteinander vergleichen und potenzielle Schwachstellen, bei denen Ihr Eingreifen gefragt ist, zeitnah erkennen.

5. Setzen Sie auf das WIR

Wir alle arbeiten lieber in einer Atmosphäre, in der wir uns wohl fühlen. In der unsere persönlichen Motive unterstützt, wir zu Bestleistungen angeregt werden. Eine wichtige Voraussetzung dabei ist gegenseitige Anerkennung und Achtung. Vertrauen zu den anderen. Das Gefühl der Zusammengehörigkeit, das WIR-Gefühl.

Verstärkt wird dieses WIR-Gefühl durch gemeinsame Ziele, die Anerkennung der Leistungen Einzelner und des Teams.

Diese Anerkennung kann durch Team-Mitglieder, sollte aber vor allem durch Sie erfolgen. Als Führungskraft sind Sie Vorbild und Orientierungspunkt. Schließen Sie jemanden aus dem Team aus, werden das auch andere tun. Bevorzugen Sie jemanden, wird er – je nach Persönlichkeit Ihrer anderen Mitarbeiter – entweder umschmeichelt oder gemobbt. Behandeln Sie alle auf der Grundlage gleicher Werte und Regeln, richten Sie Ihre Führung immer auch an gebrachten Ergebnissen und damit fair aus, werden sich Ihre Mitarbeiter daran ein Vorbild nehmen.

Team oder Wettbewerber? Wann macht Teaming Sinn?

Die Rollenverteilung zeigt bereits: Teaming ist dann sinnvoll, wenn Sie in Ihrer Mannschaft verschiedene Rollen besetzen möchten, die sich gegenseitig ergänzen. Wenn Sie Vertriebsmitarbeiter haben, die zu Neukunden fahren. Und die auf den Innendienst zurückgreifen können, der Angebote vorbereitet und nachtelefoniert.

Es gibt aber auch Teams – und Teammitglieder – bei denen es sinnvoller ist, den Wettbewerb anzustacheln. Und die Mitarbeiter so zu Bestleistungen zu animieren. Stürmer beispielsweise vergleichen ihre Leistungen gern mit denen anderer. Zählen Assists und Tore. Diesen sportlichen Wettbewerbsgeist können Sie für sich, für Ihr Team nutzen. Unterstützen Sie diesen Wettbewerbsgeist bei Key Accountern. Bei Vertriebsmitarbeitern, die Neukunden akquirieren. Achten Sie darauf, dass es ein fairer Wettkampf bleibt. Greifen Sie bei Fouls ein und bestimmen Sie die Rahmenbedingungen für ein Fair Play.

Vergessen Sie dabei nicht, dass auch die Leistung eines Stürmers eine Mannschaftsleistung ist. Die von seinen Kollegen vorbereitet wurde – indem im Vorfeld Termine für ihn vereinbart, Angebote erstellt oder auch potenzielle Neukunden recherchiert wurden.

Dort, wo sich innerhalb eines Teams die Mitarbeiter aufgrund ihrer Persönlichkeit und ihrer Rollenverteilung optimal ergänzen, sollten Sie den Teamgeist stärken, statt den Wettbewerb anzufeuern. Zum einen, weil Sie so die Bereitschaft fördern, gemeinsam für den Erfolg zu kämpfen. Zum anderen, weil ein Wettkampf bei zu unterschiedlichen Ausgangssituationen unfair ist. Schauen Sie deshalb immer genau hin: Stellt eine Wettbewerbssituation einzelne Teammitglieder ins Licht, die ohne ihre Kollegen im Hintergrund nicht punkten könnten? Sind die Leistungen überhaupt vergleichbar? Woran lassen sich die Leistungen messen? An Terminen? An konkreten Vereinbarungen? Und wie lassen sich die unterschiedlichen Leistungen der unterschiedlichen Teamrollen fair miteinander vergleichen?

Führung gewünscht! So führen Sie unterschiedliche Typen

Um Ihre Mitarbeiter zu Bestleistungen zu motivieren, brauchen sie Führung, mindestens Orientierung und Richtung für ihr Handeln. Von Ihnen, ihrem Trainer und Coach. Ihrem Vorbild. Wie Mitarbeiter am besten geführt werden, hängt von unterschiedlichen Faktoren ab – unter anderem von Ihrer Persönlichkeit. Und den Persönlichkeitstypen, die es zu führen gilt.

Führungsmodelle geben dabei Hilfestellung. Sie unterstützen die Selbstreflektion der Führungskraft ebenso wie das systemische Denken. Im Folgenden werden deshalb stellvertretend drei Führungsmodelle vorgestellt.

HINTERGRUNDWISSEN:

Führungsmodelle

Harzburger Führungsmodell: 1956 entstanden, sollte das Harzburger Modell den autoritären Führungsstil ablösen. Im Mittelpunkt des Modells steht die Delegation von Verantwortung an die Mitarbeiter, um so Vorgesetze von Routineaufgaben zu entlasten. Dieser Kerngedanke findet sich heute in zahlreichen anderen Führungsmodellen wider.

Die Vorteile dieses Modells liegen unter anderem in den klaren Informationsbeziehungen, den transparenten Aufgaben- und Handlungsbereichen sowie in der Förderung der Selbstständigkeit der Mitarbeiter. Es handelt sich um ein geschlossenes Anweisungssystem, das leicht umsetzbar und damit breit anwendbar ist.

Gruppenkonzept von Likert: Dieses Modell wurde 1961 entwickelt und sieht vor, dass jeder Mitarbeiter in zwei Gruppen mitarbeitet: Einmal als Teilnehmer, einmal als Moderator. Auf diesem Weg soll die Kommunikation im Unternehmen verbessert werden. Allerdings ist dieses Modell sehr personalintensiv. Dies macht es für viele Teams unattraktiv.

St. Gallener Führungsmodell: Dieses Modell geht auf Hans Ulrich, Gründer des St. Gallener Instituts für Wirtschaftslehre, und seine Schüler zurück. Entwickelt Anfang der 1970er Jahre wurde es bis 2002 immer wieder modifiziert. Es folgt dem systemorientierten Ansatz der Betriebswirtschaftlichen Führungslehre. Dabei besteht es aus drei Teilmodellen: Das normative Management oder Unternehmensmodell (1) umfasst die Bereiche Umwelt, Märkte, Funktionsbereiche, Gestaltungsebenen sowie die repetitiven und innovativen Aufgaben. Dabei sollen – ausgehend von der Unternehmensphilosophie – Zielvorstellungen formuliert und entsprechende Maßnahmen definiert werden, mit denen diese Ziele erreicht werden sollen. Die Effizienz dieser Maßnahmen wird kontrolliert. Die Rede ist hier vom strategischen Management (2). Das dritte Teilmodell ist das Führungsmodell. Dabei handelt es sich um eine mehrdimensionale Verknüpfung von verschiedenen Führungsstufen, -phasen und -funktionen. Das Modell stellt einen einheitlichen Begriffsapparat zur Verfügung und ist leicht implementierbar.

Situativ führen: Unterschiedliche Führungsstile

Auch bei den Führungsstilen gibt es gravierende Unterschiede. Beispiel Bürokratischer Führungsstil: Hier liegt die Macht in den Strukturen. Vorschriften, Geste und Rahmenbedingungen bestimmen den Arbeitsablauf. Vorgesetzte sind austauschbar und haben hinsichtlich der Abläufe keine Macht. Schwierig wird es, wenn – beispielsweise in Krisensituationen – schnelle Veränderungen notwendig sind.

Beim patriarchalischen Führungsstil wird die vorhandene Macht durch die Erfahrung und den Status des Vorgesetzten legitimiert. Die Identifikation mit dem Chef – und damit die Motivation – ist oft größer als beim Autokraten. Denn der Patriarch übernimmt oft eine väterliche Rolle, ist für seine Mitarbeiter da. Dasselbe gilt für das weibliche Pendant, dem Matriarchat, der Matriarchin.

Hat der Chef dann noch Ausstrahlung, ist Leitfigur und Vorbild, spricht man vom charismatischen Führungsstil. Dieser Führungsstil kann sehr motivierend sein, vor allem in Krisensituationen.

Die vorgestellten Führungsstile gehen übrigens auf Max Weber zurück. Eine weitere sehr bekannte Klassifizierung hat Kurt Lewin entwickelt. Er unterscheidet zwischen dem heute nicht mehr verbreiteten autoritären Stil, dem kooperativen Stil und dem Laissez-faire-Stil. Dieser verzichtet weitestgehend auf die Einmischung der Führungskraft. Die Mitarbeiter arbeiten eigenständig, gestalten ihr Arbeitsumfeld nach eigenen Vorstellungen. Als Führungskraft treten Sie in den Schatten. Der Umgang mit den Mitarbeitern ist unpersönlich, Ihre Aussagen schwammig. Dieser Stil eignet sich immer dann, wenn man Dinge laufen lassen möchte. Wenn Mitarbeiter ihre eigenen Erfahrungen sammeln sollen. Dies kann aufgrund des fehlenden Feedbacks jedoch auch schnell in Frust umschlagen. Deshalb ist dieser Stil nur für kurze Phasen empfehlenswert.

Beim kooperativen Stil arbeiten Führungskräfte und Mitarbeiter eng zusammen. Entwickeln gemeinsam Ideen und setzen sie gemeinsam um. Mitarbeiter übernehmen dabei einen Teil der Verantwortung. Eigeninitiative wird gefördert, Kreativität freigesetzt.

Damit entspricht der kooperative Führungsstil am ehesten den heutigen Werten: Menschen wollen ernst genommen werden, auf Augenhöhe beraten werden. Das gilt auch für Mitarbeiter. Wer von oben herab zurechtgewiesen wird, sucht sich schnell einen neuen Jacob.

Trotz Kooperation: Als Chef müssen Sie darauf achten, dass möglichst alle, mindestens aber die meisten im Team an einem Strang ziehen. Dass damit am Ende gute Ergebnisse erzielt werden. Und dies in einem angemessenen Zeitrahmen. Denn hier liegt die Gefahr des kooperativen Stils: Gerade bei neu gebildeten Teams kann die Konsensfindung Zeit in Anspruch nehmen. Dies gilt auch bei der Integration neuer Teammitglieder. Denn mit ihnen gerät die bestehende Teamordnung – kurzfristig – ins Schwanken. Rollen müssen neu definiert, Stärken neu betont werden.

Dieses Risiko gehen Menschen mit autoritärem Stil nicht ein. Dafür besteht die Gefahr, des Öfteren Fehlentscheidungen zu treffen. Denn hier liegt die Entscheidungsgewalt nur bei einem – bei Ihnen als Führungskraft. Autoritäre Führungskräfte verstehen Informationen als Machtinstrument. Stellen Leistungsorientierung in den Mittelpunkt. Lassen keinen Raum für Eigeninitiative und nehmen Frustrationen bei den Mitarbeitern in Kauf. Dieser Stil kann sich in Not- und Krisensituationen bewähren. Bei Feuerwehrmännern also – auch im übertragenen Sinn.

Ebenfalls etabliert hat sich der situative Führungsstil. Er basiert auf der Annahme, dass der Mitarbeiter nach seinem Reifegrad geführt werden muss. Dass neue Mitarbeiter, die sich erst einarbeiten müssen, genaue Anweisungen benötigen. In der zweiten Phase erklären Sie Entscheidungen. Übernehmen die Rolle des Lotsen, der gefragt werden kann. Diese Rolle wandelt sich in Phase 3 in den Berater, der bereitsteht, Hilfe anbietet und Fragen beantwortet. Um dann schließlich nur noch als Koordinator aufzutreten.

Was ich in gut 30 Jahren Führungserfahrung gelernt habe: Es ist immer gut – ja, es ist entscheidend wichtig! – die Menschen mitzunehmen, sie in Prozesse und Entscheidungen möglichst früh und transparent einzubeziehen. Das hilft, um ein Commitment zu erreichen. Das brauchen Sie. Dann vertrauen sich Ihre Mitarbeiter Ihrer Führung an.

Ohne Zustimmung, ohne Identifikation, ohne Loyalität und Gefolgschaft gibt es keinen Führungsanspruch. Nicht für Sie. Für niemanden.

Echte Autorität wird von den Mitarbeitern zugewiesen, sie entsteht nicht durch Macht oder bloßes Chef-Sein.

Fasziniert hat mich das Beispiel eines Kunden, einem Immobilien-Entwickler, dem die Finanz- und Wirtschaftskrise zu schaffen gemacht hat. Um neue Aufträge zu bekommen, musste er am Markt präsent sein. Am liebsten auf der für seine Zielgruppe relevanten internationalen Leitmesse. Da sein, wo die Kunden sind. Wo seine Wettbewerber aktiv sind. Flagge zeigen. Doch Messen kosten Geld. Geld, das an anderer Stelle benötigt wurde. Was also tun? Wie richtig entscheiden – für die Zukunft des Unternehmens, des Teams? Der Chef wagte einen ungewohnten Weg: Er sprach mit den Mitarbeitern. Hat sie eingeweiht, ihnen das Dilemma geschildert und gefragt: Was sollen wir tun? Die Reaktion war überwältigend: Die Mitarbeiter haben sich nicht nur für die Messe ausgesprochen. Sie haben auch einen Teil der unternehmerischen Verantwortung übernommen, indem sie für den Messeauftritt auf einen Teil ihres Einkommens verzichtet haben. Heute ist die Krise überwunden. Das Unternehmen steht wieder gut da. Und Mitarbeiter und Führungskraft kämpfen weiter für den gemeinsamen Erfolg.

Dass diese Entscheidung, dieser Weg möglich war, liegt an dem Vertrauen, das zwischen Mitarbeiter und Führungskraft herrscht. Weder seine Darstellung noch seine Frage wurde mit Argwohn betrachtet. Im Gegenteil: Jeder wusste, dass der Chef für sein Unternehmen brennt. Seinen Mitarbeitern vertraut. Und nicht nur an seine, sondern auch an ihre Zukunft denkt.

Das soll hier kein Plädoyer für Opfer-Erwartungen sein! Ein schlechter Unternehmer und eine nichtvertrauenswürdige Führungskraft werden auch mit Opfern der Mitarbeiter keinen Turnaround schaffen. Es geht um Vertrauensbeweise – und dieser ist ein Beispiel dafür, wie Vertrauen in einen kurzfristigen Ruck mündet, der den Karren wieder aus dem Dreck zieht.

Dieser Mann hat sich das Vertrauen, das „created agreement" verdient. Wie es sich jede gute Führungskraft erarbeiten und verdienen muss. Richtig, verdienen kommt hier von „dienen". Fast wie das Gesetz der Reziprozität, nachdem erst etwas gegeben, also hier im Teamsinne investiert wird, bevor dann etwas zurück gegeben werden wird. Dieses Zurückgeben sind schlicht Leistung und Resultat. Und klar: am Ende muss jemand entscheiden und führen. Nur so funktioniert es dauerhaft erfolgreich im Vertrieb.

Im Prinzip verfahren Sie bei der Mitarbeiterführung also genauso wie bei dem Onboarding neuer Mitarbeiter: Zunächst führen Sie eng, um ihn mit zunehmendem Wissen und zunehmender Sicherheit immer stärker an die „lange Leine" zu gewöhnen. So nutzen und fördern Sie die Fähigkeiten jedes Mitarbeiters optimal und effizient. Damit Ihnen dies gelingt, müssen Sie flexibel bleiben. Die Stärken und Schwächen, die Potenziale Ihrer Mitarbeiter kennen. Und wissen, wie Sie sie am besten motivieren können. Denn wie man führt, hängt auch davon ab, wen man führt. Auch hier geben Ihnen Persönlichkeitstypologien wie INSIGHTS MDI® oder die MotivStrukturAnalyse MSA® wertvolle Tipps.

Mit dem QR-Code finden Sie mehr Infos zu INSIGHTS MDI®:

Leitwolf oder Teamplayer? Erkennen Sie Ihre Führungsstärken!

Ganz gleich, wie sich Ihr Team zusammensetzt, welche Persönlichkeitstypen auch immer Sie führen: Bleiben Sie Sie selbst! Verbiegen Sie sich nicht, um den idealen Chef für Ihre Mitarbeiter zu verkörpern. Den idealen Chef gibt es nicht. Sie können es nicht jedem Recht machen. Und das ist auch gar nicht Ihr Job! Ihre Aufgabe ist es, Ihr Team zu Bestleistungen zu motivieren und Ergebnisse zu erzielen. Und das können Sie nur, wenn Sie zudem stehen, was Sie tun. Wenn Sie nach Ihrer Persönlichkeit führen, Ihre Stärken sinnvoll einsetzen.

Dazu müssen Sie sich, Ihre Führungsstärken kennen. Müssen wissen, ob Sie eher Leitwolf oder Teamplayer sind. Ob Sie erwarten, dass Ihnen das Team ohne Fragen und Zögern folgt. Oder ob Sie auf das Wissen, die Erfahrung der anderen zurückgreifen möchten. Aber auch, wie Sie sich – ohne sich zu verbiegen – auf andere Typen, auf andere Persönlichkeiten einstellen können.

Grundsätzlich gilt: Bei der Mitarbeiterführung sind zahlreiche Begabungen und Fähigkeiten nützlich. Entscheidungskraft. Authentizität. Aktives Zuhören. Analytisches Denken – die Bandbreite ist groß. Um Ihre Stärken und Schwächen zu erkennen, sollten Sie deshalb genau hinschauen. In welchen Bereichen bringen Sie Höchstleistungen? Wo Durchschnitt? Welche Eigenschaften nutzen Sie dazu? Wo haben Sie das Gefühl, dass Ihnen Kompetenz, Wissen oder Erfahrung fehlt?

PRAXISTIPP:

Selbstreflexion

Beantworten Sie für sich, wie gut Sie in den folgenden Bereichen sind:

- Analytisches Denken _____
- Durchsetzungskraft _____
- Empathie _____
- Aktives Zuhören _____
- Menschen integrieren _____
- Menschen motivieren und begeistern _____
- Mitarbeitergespräche führen _____
- Ziele definieren und formulieren _____
- Controlling vereinbarter Ziele _____

Wie stark diese Eigenschaften ausgeprägt sind, hat etwas mit Ihrer Erfahrung zu tun, aber auch mit Ihrem Persönlichkeitstyp. Während Ihr Erfahrungsschatz wächst, können Sie Ihren Persönlichkeitstyp nur sehr bedingt beeinflussen. Trotzdem hilft es, den eigenen Persönlichkeitstypen zu kennen – um zu wissen, wo die Stärken liegen. Wie man auf andere wirkt und was man machen kann, um die gewünschten Ziele zu erreichen.

Dabei kann das bereits vorgestellte Persönlichkeitsdiagnostik-Tool INSIGHTS MDI® helfen; es ist aber nur eines von mehreren, die wissenschaftlich (in hohem Maße) validiert und im breiten Einsatz in den Unternehmen sind. INSIGHTS MDI® überzeugt mich, weil es zum einen auf jahrelanger Forschung mit Abertausend ausgewerteten Reports beruht, zum anderen mit den Haupt- und vielen Misch-Typen (die meisten Menschen entsprechen Mischtypen), die anhand eines eingängigen Farbspektrums erläutert sind, verständlich nachvollziehbar ist. Seit einiger Zeit wird das Tool durch ein zusätzliches EQ-Modul ergänzt. Dies fokussiert auf die emotionale Kompetenz eines Menschen, Bewerbers, Mitarbeiters, einer Führungskraft. Und so ermöglicht es einen tiefen Einblick in die Teamfähigkeit und die emotionale Kompetenz, beispielsweise die Empathie, aber auch die Resilienz, eines Menschen. In Zeiten des Mega-Stresses ist das ein sehr kostbares Gut!

Stress und Burnout – im Vertrieb ein schlimmes Problem: Tools, die Führungskräfte hier unterstützen

Ein zusätzliches, sehr nützliches Instrument beruht auf dem so genannten Meaningful Occupation Assessment und sei hier beispielhaft erwähnt. Basierend auf Erkenntnissen der Arbeitspsychologie untersucht es mit einem validierten Test, wie stark die berufliche Belastung empfunden wird, wie hoch der Stresspegel eines Mitarbeiters, eines Teams oder einer ganzen Abteilung (schon) ist. Und: welche stressfördernden Faktoren vorhanden sind – und wie sie geändert werden können. Es untersucht auch, welche burnout-fördernden Denk-, Fühl- und Verhaltensmuster bekannt sind – aber auch, welche Ressourcen beim (Vertriebs)Mitarbeiter oder der Abteilung vorhanden sind, um SINN bei der Arbeit und am Arbeitsplatz zu stiften. Denn Sinn ist die wichtigste Ressource (auch in der Arbeit), um Kraft zu finden. Und daraus ergibt sich, welche organisationalen, prozessualen oder Coaching-Maßnahmen ergriffen werden können, um die Situation des einzelnen (Vertriebs-Mitarbeiters oder des (Vertriebs-)Teams, der Abteilung, des Unternehmens zu verbessern.

Mehr Informationen und Pressemeldung zum Thema Stressprävention:

Ebenfalls etabliert sind beispielsweise das „Bochumer Inventar zur berufsbezogenen Persönlichkeitsbeschreibung", der Myers-Briggs-Typindikator (MBTI) und das DISG Persönlichkeitsprofil – heute unter persolog®

bekannt. Es unterscheidet zwischen den vier Grundtypen Dominanz (D), Initiative (I), Stetigkeit (S) und Gewissenhaftigkeit (G).

Weitere Beispiele für Modelle: Big Five, BIP, HBDI, Lebensmotive nach Reiss, Structogramm, Eneagramm.

Tipp: Falls Sie sich für das Thema interessieren und vertieft weiterlesen wollen: Eine Einführung in verschiedene Tools liefern u. a.: Simon, Walter: Persönlichkeitsmodelle und Persönlichkeitstests. Gabal 2006, sowie Hossiep, Rüdiger / Paschen, Michael / Mühlhaus, Oliver: Persönlichkeitstests im Personalmanagement: Grundlagen, Instrumente und Anwendungen. Hogrefe, 2000.

Merkmale erfolgreicher Teams

Doch was macht aus mehreren Mitarbeitern ein Team? Und was macht ein Team erfolgreich? Zuallererst: Teams haben Verantwortung füreinander. Das kennen wir aus den Krimis, wo Polizisten ihrem Partner blind vertrauen. Aus dem Fußball, wo Verteidiger das Spiel aufbauen und den entscheidenden Treffer vorbereiten, um den Ball dann in entsprechender Situation an den Mitspieler abzuspielen. Wo der Trainer das Spiel beobachtet und einzelne Spieler bei Bedarf auswechselt – weil jemand verletzt ist, das Zusammenspiel an diesem Tag nicht passt oder er einem Spieler die Chance zur Weiterentwicklung, zum Einsatz geben möchte.

Auch im Vertrieb sind die Teammitglieder aufeinander angewiesen. Bereitet der Mitarbeiter im Innendienst die Termine, die Angebote vor, schließt der Key Accounter – auch dank dieser Vorbereitung – den Auftrag ab. Kann ein Mitglied die gesamte Stimmung, die gesamte Leistung des Teams positiv wie negativ beeinflussen. Können Bevorzugungen Einzelner zu Unruhe führen. Führen einseitige Belobigungen zu Frust bei denen, deren Leistungen nicht anerkannt werden.

Die Erfolge eines Teams werden gemeinsam erbracht. Der erste Schritt zu einem erfolgreichen Team liegt darin, dies anzuerkennen. Wenn sich ein Team darauf verständigt, sind selbst unter schwierigen Bedingungen außergewöhnliche Leistungen möglich. Weil man gemeinsam kämpft, sich unterstützt, gegenseitig motiviert. Offen und lösungsorientiert über

Probleme spricht. Sich traut, um Hilfe zu bitten. Und sich gleichzeitig gemeinsam über Erfolge freut.

Team statt Gruppe

Wenn Ihre Mitarbeiter so denken und handeln, dann sind sie mehr als eine Gruppe von Mitarbeitern, die sich zufällig in Ihrer Abteilung wiederfindet. Teams sind leistungsfähig, weil sie ihre Stärken bündeln. Nur so können sie Leistungen erbringen, zu denen ein Einzelner nicht in der Lage wäre. Merkmal 2 eines Teams ist das Ziel: Wer gemeinsam kämpft, muss wissen, wofür. Welches Ziel erreicht werden soll. Wie es erreicht werden soll. Herrscht Einigkeit über dieses Ziel werden die Teammitglieder sich auch dafür einsetzen. Teams zeichnen sich zudem durch Dynamik, durch die Nutzung von Synergien aus. Man spornt sich untereinander an. Erlebt die gemeinsame Arbeit als inspirierend. Und erbringt Leistungen, die mehr als die Summe der Leistungsfähigkeit einzelner Teammitglieder sind. Damit dies gelingt, müssen die Rollen im Team geklärt sein. Fragen wie Arbeitsstil, Organisation, Prozesse sind geklärt und müssen nicht immer wieder von vorn diskutiert werden. Die einzelnen Teammitglieder nehmen Rücksicht aufeinander und stellen das Ziel, nicht die eigene Eitelkeit in den Mittelpunkt.

Aus dieser Zusammenarbeit entwickelt sich ein eigener Teamspirit. Das miteinander ist von Vertrauen, Offenheit und Wohlwollen geprägt. Mobbing und Argwohn haben keinen Platz.

Voraussetzungen für ein erfolgreiches Team

Ob aus einer Gruppe von Mitarbeitern ein erfolgreiches Team wird, liegt unter anderem an Ihnen als Führungskraft. Daran, ob Ihre Mitarbeiter Aufgaben haben, die ihrem Persönlichkeitstyp entsprechen. Ob sie sie selber sein dürfen. Denn niemand kann sich auf Dauer verstellen. Beispiel Einzelkämpfer: Gerade im Vertrieb gibt es immer wieder Mitarbeiter, die sich als Einzelkämpfer verstehen und so agieren. Die raus zum Kunden fahren, den Abschluss machen und schon zum nächsten Termin starten. Die als Einzelkämpfer gut sind. Und sich in Meetings langweilen. Um einen solchen Mitarbeiter weiterhin zu Bestleistungen zu motivieren, müssen Sie ihm erlauben, weiter Einzelkämpfer zu sein. Stolz auf seine Leistungen zu sein. Und natürlich auch von seinen Leistungen profitieren. Aber: Auch dieser Einzelkämpfer muss grundsätzlich ebenso bereit sein, sein Wissen dem Team zur Verfügung zu stellen. Auf das Team zurückzugreifen, wenn er Unterstützung braucht. Den anderen Teammitgliedern zu vertrauen. Und vor allem: Den Erfolg zu teilen. Zu akzeptieren, dass seine Ergebnisse auch die Ergebnisse aller sind. Dabei spricht viel dafür, dass er – beispielsweise in Form von Boni – natürlich von seinen Erfolgen profitiert.

Kommunikation – Basis der Teamarbeit

Um ein Miteinander im Team zu forcieren, müssen die Mitglieder über aktuelle Projekte, Entwicklungen und neue Anfragen informiert sein. Sie müssen – zumindest grob – wissen, wer sich gerade mit welchen besonderen Herausforderungen beschäftigt. Dabei geht gerade die Kommunikation im täglichen Stress gern unter.

Hier helfen klare Regeln dazu, wann was wie kommuniziert wird. Wie und in welchen Abständen ein Projektverlauf dokumentiert wird. In welchen Abständen Teammeetings stattfinden, bei denen Updates gegeben werden. Welche weiteren Kommunikationskanäle und -maßnahmen genutzt werden.

Machen Sie Ihrem Team deutlich, dass diese Kommunikation keine Zeitverschwendung, sondern Grundlage und Voraussetzung sind. Dass gute Kommunikation ein Gewinn ist. Dass das Team damit in die Lage versetzt wird, gemeinsam an Herausforderungen zu arbeiten. Sich Unterstützung zu geben, Wissen aktiv zur Verfügung zu stellen.

Machen Sie sich immer wieder die alte Erfahrungsregel bewusst: In der Kommunikation ist das Missverständnis die Regel, und das Verständnis die Ausnahme.

Achten Sie daher darauf, dass die Kommunikationsregeln eingehalten werden – auch von denen, die sich lieber zurückziehen und still ihren Aufgaben nachgehen. Und: Seien Sie Vorbild! Halten Sie sich an Ihre Regeln. Wir haben einmal in einem Trainingsprojekt mit den Führungskräften gemeinsam entschieden, dass die Tische und Stühle im Besprechungsraum entfernt werden müssen. Es sollten die Meetings künftig unter Einhaltung von Zeiten und effizienter laufen. Es gibt dazu jetzt Klemmbretter für jeden und es läuft eine große Eieruhr zur Orientierung. Keinen Kaffee und keine Kekse, ein schlichter „Stehraum" in dem Entscheidungen für den Vertrieb getroffen werden. Punkt!

Klare Hierarchien

„Wir sind ein Team" wird oft als Begründung dafür genutzt, dass jeder mitsprechen, mitentscheiden darf. Dass klare Ansagen vom Vorgesetzten ignoriert werden können, weil man ja – im Team – auf einer Hierarchieebene steht. Diesen Eindruck sollten Sie erst gar nicht aufkommen lassen – auch dann nicht, wenn Sie den kooperativen Führungsstil bevorzugen. Denn letztendlich haben Sie den Hut auf. Stehen Sie für die Leistungen Ihres Teams gerade. Müssen Sie Entscheidungen treffen – und dafür geradestehen. Gerade Kante mit Orientierung ist immer besser als weiches Gemurkse mit Konfliktpotenzial.

Je nach Teamgröße wird es weitere Hierarchieebenen geben. Kommunizieren Sie diese klar.

- Wer hat welche Entscheidungsbefugnis – und wem gegenüber?

- Was darf alleine entschieden werden, wann (Kunde, Umsatzvolumen, Prozess) muss der oder die jeweils Vorgesetzte gefragt werden?

- Und bei welchen Entscheidungen, bei welcher Flughöhe, ist Ihre Meinung einzuholen? (Hier mal unabhängig betrachtet von Reporting/Berichtswesen rsp. Ihrer Politik der „offenen Tür" für Mitarbeiterfragen.)

PRAXISTIPP:
Regelkommunikation

Regeln für die Regelkommunikation:

☐ Wer berichtet wann an wen?

☐ Welches der vorhandenen Medium/Tools ist für welche Kommunikation zu verwenden?

- [ ] Wer ist in CC zu setzen; klare Regeln für E-Mailing

- [ ] Eintrag welcher Termine in gemeinsamen Terminkalender (Outlook)?

- [ ] Übersicht in Netztools wie Trello?

- [ ] Was wird wie genau im CMS abgelegt?

- [ ] Was darf rsp. muss in der Cloud abgelegt werden?

- [ ] Rhythmus und Protokoll sowie thematischer Aufbau persönlicher Meetings

- [ ] Virtuelle Meetings über Webinare oder z. B. Skype

Klare Prozesse geben Orientierung

Sie wissen, was Sie von Ihren Mitarbeitern, Ihrem Team erwarten: Effizientes, zielgerichtetes Vorgehen. Kompetente Beratung. Kein Verkauf um jeden Preis. Aber auch kein Hin-und-Her-Trudeln. Sondern konzentriertes, nachvollziehbares Vorgehen.

Hier helfen klare Prozesse. Was ist wann von wem zu tun? Wie werden potenzielle Kunden angesprochen? In welchen Zeitabständen werden Bestandskunden kontaktiert?

Wie Sie Ihre Prozesse gestalten, hängt stark von Ihrer Branche ab. Von Ihrer Kundenstruktur. Ihren Produkten oder Dienstleistungen. Zwei Punkte bleiben dabei konstant: Die Identifizierung attraktiver Kunden am Anfang. Und der Abschluss des Kaufvertrags am Ende. Je nach Branche erhält der potenzielle Kunde nach der ersten Kontaktaufnahme ein Angebot, das im Kundengespräch besprochen wird. Handelt es sich um komplexe Dienstleistungen oder Produkte, sind maßgeschneiderte Angebote gefragt, werden diese auch nach einem ersten persönlichen Gespräch erstellt. Und eventuell in einem zweiten Gespräch oder einem Telefonat besprochen.

Legen Sie für Ihre Branche, Ihre Kundenstruktur, Ihr Team einen verbindlichen Prozess fest. Beantworten Sie dabei folgende Fragen:

- Wie identifizieren wir potenzielle Kunden?

- Wie erfolgt der Erstkontakt?

- Welche Informationen erhält der Kunde dabei?

- Wann erstellen wir ein Angebot? Welche Grundlagen müssen dazu erfüllt sein?

- Was gehört in ein Angebot? Wann ist ein Angebot für den Kunden annehmbar? Welche begleitenden Unterlagen werden beigefügt?

- Wird das Angebot per Post oder E-Mail verschickt? Wird es dem Kunden persönlich übergeben?

- Wann wird der Kunde erneut kontaktiert, um über das Angebot zu sprechen?

- Wie oft – und wie - haken wir nach, wenn der Kunde um Bedenkzeit bittet?

- Wann wird ein potenzieller Kunde, der ein Angebot abgelehnt hat, erneut angesprochen?

- Wie wird der Prozess hier sauber beendet? Auftrag oder „Schade-mail", was zur Folge hat, dass wir durch eine klare Absage unsererseits („Schade, dass wir jetzt nicht zusammen kommen…) eine gute Basis für einen neuen Kontaktversuch in beispielsweise einem Jahr schaffen.

Klare Ziele für Ihr Team

Kommunizieren Sie zusammen mit den Prozessen auch die Ziele, die Sie erwarten: Von den einzelnen Mitarbeitern ebenso wie von Ihrem gesamten Team. Dabei ist die Zielsetzung quasi der Startpunkt für den gemeinsamen Weg. Geben Sie bei Bedarf Meilensteine vor: Welche Etappen auf dem Weg sollen bis wann erreicht werden? Verfolgen Sie die Ziele kontinuierlich. Geben Sie in den Zwischenphasen Feedbacks, damit Ihre Mitarbeiter wissen, wie ihre Leistung wahrgenommen wird. Aber auch, um die Chance zu geben, Zielvorgaben zu korrigieren – beispielsweise, wenn sie aufgrund äußerer Umstände nicht erreichbar sind.

Ziele sollten spezifisch, messbar, attraktiv, realistisch und terminiert sein. Oder kurz gesagt: **SMART**. Kennen Sie schon? Prima. Handeln Sie danach? Wohl kaum, sorry! Seien Sie deshalb bei der Formulierung konsequent und eindeutig. Fangen Sie bei sich selbst an. Werden Sie konkret. Geben Sie beispielsweise nicht vor, den Umsatz im laufenden Jahr zu erhöhen. Sondern sagen Sie ganz klar, was Sie erwarten: „Unser Ziel ist es, bis zum Ende des Geschäftsjahres den Umsatz mit Produkt X um XX Prozent zum Vorjahr zu steigern". Oder „Ihr Ziel ist es, bis zum (Datum) die ersten fünf Kunden aus der Branche XY für unser Produkt Z zu gewinnen."

Gerade am Anfang kann es sinnvoll sein, zusätzlich Zielvorgaben für kürzere Zeiträume anzugeben. Dies kann die Zahl der qualifizierten Besuche in einer Woche oder einem Monat sein. Oder die Zahl der Vertragsabschlüsse. Wichtig ist: Das Ziel muss realistisch sein. Nachprüfbar. Und: Sie müssen es kontrollieren. Ansonsten verpufft dieses Führungsinstrument. Verlieren Sie an Reputation, weil Ihnen die Konsequenz im Handeln fehlt.

Teamspirit – ein Erfolg guter Führung
Durch die konkrete Zielvorgabe können Sie einzelne Mitarbeiter zu Bestleistungen motivieren. Und innerhalb des Teams den Turbo-Gang einschalten.

Doch wieso ist das so?
Die Mitarbeiter sind motiviert, weil sie wissen, welche Leistungen Sie ihnen zutrauen. Weil Sie daran glauben, dass sie sich steigern, sich weiterentwickeln können. Sie geben Ihnen eine Perspektive.

Die Mitarbeiter haben eine Vertrauensbasis. Klare, nachvollziehbare Ziele sind das Gegenteil von Willkür. Sie wissen, was von ihnen erwartet wird. Sie teilen die Einschätzung, dass dies erreicht werden kann. Und sie können sicher sein, dass sie am Ende des Jahres, der vereinbarten Zeitspanne nicht an anderen Maßstäben gemessen werden.

Der einzelne Mitarbeiter kann sich auf seine individuellen Ziele konzentrieren – und gleichzeitig am großen Ganzen mitarbeiten. Sein Wissen, seine Kompetenz einbringen, ohne für andere bedrohlich zu wirken. Das stärkt den Teamgeist.

Zudem wirken sich klare Zielvorgaben auf die Arbeitsatmosphäre aus. Weil sie Sicherheit geben. Vertrauen. Sie setzen Maßstäbe. Orientierungspunkte. Geben die Chance der Korrektur – bei den Zielen, wenn sie sich als unrealistisch erweisen. Oder aber bei den Mitarbeitern, denen Wissen oder strategische Kompetenz fehlt, um die Ziele zu erreichen. Und die dies rechtzeitig erkennen und – gemeinsam mit Ihnen – dagegen steuern können.

Konflikte im Team meistern – so geht's

Früher oder später ist es soweit: Es kommt zu Stress, zu Konflikten im Team. Sei es, weil persönliche Interessen in den Vordergrund gestellt werden, weil es unterschiedliche Interpretation von Fakten gibt. Oder weil bei einzelnen Teammitgliedern die „Chemie nicht stimmt". Weil die Kommunikation miserabel ist, was meistens die Ursache war in meinen 30 Jahren Praxis. Je früher ein Konflikt erkannt wird, umso eher können Sie gegensteuern.

Wie viel Konfliktpotenzial ein Team hat, liegt auch – aber nicht nur – an Ihnen. An Ihrem Führungsstil. Ihren Zielvorgaben. Daran, ob Sie einzelne Mitarbeiter bevorzugen. Ob Sie Anlass für Eifersüchteleien geben. Oder dazu aufmuntern, über die vermeintlichen Fehler der Kollegen zu berichten. Ein solches Führungsverhalten schafft nicht nur Unruhe im Team – es macht Ihnen auch das Leben unnötig schwer.

Konfliktpotenzial liegt aber auch in folgenden Situationen:

- Unterschiedliche Fachkenntnisse im Team
- Unterschiedliche „Sprachen" und daraus resultierende Missverständnisse
- Unterschiedliche Unternehmenskulturen oder Wertesysteme, die Mitarbeiter aus früheren Unternehmen mitbringen
- Unterschiedliche Arbeitsgewohnheiten/Arbeitstempi
- Ausgeübter oder schlicht „nur wahrgenommener" Druck
- Unpassender Persönlichkeitstyp für das Team

- Dominanz von Alpha-Typen, die das Zusammenwachsen des Teams verhindern

- Macht- und Konkurrenzdenken einzelner Teammitglieder

- Zu dominantes Auftreten neuer Teammitglieder, die sich ihre Anerkennung auf Kosten anderer erkämpfen möchten

Vorbeugung: die Phasen der Teambildung sind gut untersucht
Welche Möglichkeiten der „Prophylaxe" haben Sie? Wie schaffen Sie eine Situation, in der Konflikte von Anfang an wenig auftreten – und wenn, gut gelöst werden können. Konfliktvermeidung, Konfliktscheu und das Vertuschen oder Ignorieren von Konflikten sind übrigens keine guten Wege – damit werden nur Frust und „innere Emigration" erzeugt … oder Dampf, bis mal der Kessel knallt.

Eine gute Prophylaxe sind klare Regeln, eine offene Kommunikation sowie eine gute Zusammenarbeit. Je besser sich das Team versteht, je mehr Vertrauen und Sicherheit herrscht, je offener Konflikte angesprochen werden können, umso weniger Reibungen gibt es.

Doch das alleine reicht aber nicht aus. Teambildung ist eine aktive Aufgabe. Sie muss konsequent fortgeführt werden. Dabei gibt es typische Phasen, auf die Sie sich vorbereiten können.

Hintergrundwissen:

Phasen der Teambildung

Formierungsphase: Das Team ist in seiner Zusammensetzung neu. Die Mitglieder lernen sich kennen. Klären, welche Erwartungen sie haben. Welche Ziele sie erreichen wollen. Finden sich in ihre Rollen. Diese Phase können Sie als Führungskraft unterstützen: Durch klare Zielvorgaben. Eine offene Kommunikation. Freiraum für Gespräche. Gemeinsame Events zum Kennenlernen und für gemeinsame Erfahrungen.

Konfliktphase: Eigene Interessen werden selbstbewusster vorgetragen. Das Konfliktpotenzial nimmt zu. Sie können gegensteuern, indem Sie Gemeinsamkeiten der Teammitglieder sowie die Stärken der einzelnen Mitarbeiter betonen. Lassen Sie Konflikte zu. Aber sorgen Sie dafür, dass diese geklärt werden.

Normierungsphase: Die Teammitglieder kennen und schätzen sich. Auch dank der Regeln und Prozesse, die Sie aufgestellt haben. Um das Wir-Gefühl zu stärken und die Leistungen zu verbessern, ist Selbstreflektion wichtig. Wie arbeitet das Team? Wie können Prozesse effizienter werden? Die Kommunikation verbessert werden? Integrieren Sie das Team in diese Überlegungen.

Arbeitsphase: Das Team steht. Es arbeitet erfolgreich zusammen. Hat eigenen Teamspirit. Die Teammitglieder lernen voneinander. Unterstützen sich gegenseitig. Das Team reguliert sich quasi von selbst. In dieser Phase ist Ihr Feedback gefragt.

Erfolgsphase: Das Team entwickelt sich weiter. Stärken des Einzelnen werden effektiv und effizient genutzt. Der Einzelne zählt nichts. Dem Erfolg der Mannschaft wird alles untergeordnet. Erfolge werden zelebriert, Misserfolge schlicht verarbeitet und abgehakt! So wurde Deutschland Fußball Weltmeister in Brasilien im Juli 2014. Jogi Löw hat am Ende „nur" noch moderiert. Ein langer Weg. Und ein Traum für jeden, der Führungsverantwortung trägt!

In jeder dieser Phasen kann es zu Konflikten kommen. Je eher Sie diese erkennen, umso besser können Sie gegensteuern. Denn je länger ein Konflikt gärt, umso mehr verhärten sich die Fronten. Wirkt sich der Konflikt auf die Motivation und die Leistungsfähigkeit eines oder mehrerer Mitarbeiter aus.

Chefsache: Konflikte ansprechen und lösen

Wie können Sie mit Konfliktsituationen umgehen? Sie für alle Beteiligten positiv auflösen? Zu allererst: Analysieren Sie die Konfliktsituation. Worum geht es hier? Wer ist an dem Konflikt beteiligt? In welcher Form? Hören Sie genau zu. Hinterfragen Sie die Argumente, die Ihnen die Parteien präsentieren. Oft gibt es ein vorgeschobenes Problem, der eigentliche Konflikt geht aber sehr viel tiefer.

Mögliche Ursachen für Konflikte sind kommunikative Missverständnisse, Konkurrenzsituationen oder ungeklärte Rollen. Je nachdem, wie viele Menschen an einem Konflikt beteiligt sind, kann es zu Koalitionsbildungen im Team führen. Oder zum Ausschluss einzelner Teammitglieder.

Eine weitere Unterscheidung ist die in heiße und kalte Konflikte. Dabei werden heiße Konflikte emotional ausgetragen. Beteiligte versuchen, Anhänger für ihre Sache zu gewinnen. Sie sind davon überzeugt, richtig zu handeln. Rechtschaffende Motive zu haben, die nicht angezweifelt werden dürfen. Anders die kalten Konflikte: Hier spüren die Beteiligten tiefe Enttäuschung, Desillusionierung und Frustration. Ohnmachts- und Angstgefühle. Druck und Unlust. Das Verhalten wird destruktiv, die Kommunikation wird auf das Nötigste reduziert.

Um kalte Konflikte zu lösen, reicht es nicht, sich auf die Konfliktursache zu konzentrieren. Vielmehr muss das Selbstgefühl der Beteiligten gestärkt werden. Die Kommunikation zwischen den Akteuren hergestellt und Lösungswege aufgezeigt werden. Bei heißen Konflikten ist es wichtig, sich auf die unterschiedliche Wahrnehmung der Beteiligten zu konzentrieren. Welche Einstellung haben die Mitarbeiter? Welche Verhaltensweisen verstärken den Konflikt? Welche wechselseitigen Beziehungen? Und mit welchen Verhaltensänderungen lässt sich der Konflikt entschärfen?

Sprechen Sie die Beteiligten aktiv und direkt auf Ihre Wahrnehmung an. Je früher Sie das machen, umso weniger leidet das Team, leiden die Beteiligten unter dem Konflikt. Einzelgespräche helfen Ihnen dabei, die unterschiedlichen Interessen zu erkennen. Bei den Beteiligten Verständnis für den anderen zu schaffen. Eine Basis aufzubauen, um den Konflikt aus der Welt zu schaffen.

Gehen Sie auf die Beteiligten aktiv zu und suchen Sie das Gespräch. Formulieren Sie Ich-Botschaften wie beispielsweise „Mir ist aufgefallen, dass …", „Ich habe den Eindruck …". So vermitteln Sie Interesse und vermeiden den Eindruck, jemand hätte Sie auf den Mitarbeiter „angesetzt".

Nutzen Sie das Gespräch zur Klärung. Hilfreich sind Fragen wie:

- Wie geht es Ihnen mit dem Thema? Dem Problem?
- Wie sehen Sie die Beziehung zum „Kollegen"?
- Was hat sich verändert – und warum?
- Welche sachlichen Argumente und Informationen sind Ihnen wichtig?
- Wie könnte aus Ihrer Sicht ein Kompromiss aussehen?
- Was erwarten Sie von der anderen Seite?
- Wie könnten Sie auf den anderen zugehen?

Konfliktgespräche müssen unwertend und lösungsbezogen sein

Nach den Einzelgesprächen ist es wichtig, alle Beteiligte an einen Tisch zu holen. Als Führungskraft haben Sie dabei die Rolle des Moderatoren und Mediators. Führen Sie das Gespräch so, dass der Konflikt offen ausgesprochen wird. Nur dann kann gemeinsam an einer Lösung gearbeitet werden. Folgende Tipps helfen Ihnen dabei, das Konfliktgespräch konstruktiv zu führen:

PRAXISTIPP:

Erfolgreiche Konfliktgespräche

1) Suchen Sie das gemeinsame Gespräch erst im Anschluss an die Einzelgespräche.

2) Stellen Sie sicher, dass die Beteiligten wissen, mit welchen Erwartungen das gemeinsame Gespräch geführt wird – und dass sie mit den Zielen einverstanden sind.

3) Richten Sie das Gespräch auf das Ziel „Konfliktlösung" aus, es geht nicht darum, wer „Recht" hat, sondern wie es besser weitergeht!

4) Fällen Sie keine Werteurteile, schlagen Sie sich nicht auf eine Seite. Sie müssen über dem Konflikt stehen.

5) Betonen Sie, dass Sie in den Mitarbeitern das Potenzial der Konfliktlösung sehen. Dass die Beteiligten Ihr Vertrauen genießen.

6) Gehen Sie positiv auf Vorschläge ein, die den Konflikt zu lösen helfen.

7) Verschwenden Sie Ihre Kraft nicht damit, gegen Sturheit anzu-kämpfen – wer sich nur unter Druck bewegt, wird eine Lösung innerlich boykottieren.

8) Nennen Sie übergeordnete Interessen (des Teams, des Unterneh-mens), statt auf die partikularen Mitarbeiterinteressen einzugehen. Betonen Sie den Gewinn für alle Seiten. Für das gesamte Team.

9) Achten Sie darauf, dass niemand sein Gesicht verliert.

10) Fassen Sie am Gesprächsende zusammen, auf welche Maßnahmen sich die Beteiligten geeinigt haben.

11) Stellen Sie klar, was Sie auf Basis dieser Einigung von den Beteiligten erwarten. Geben Sie klare Zielvorgaben.

12) Überprüfen Sie die Zielerreichung im festgelegten Zeitabstand

Wichtig für die Konfliktlösung, aber auch für die Prophylaxe, ist der Kontakt der Kontrahenten untereinander. Und dies nicht nur im Büro oder in der Kaffeeküche. Sondern auch beim Sport, beim Outdoor Event oder Teamkochen, auf der Incentive-Reise. Schaffen Sie Gelegenheiten, in denen die Mitarbeiter Kontakt haben. Etwas Gemeinsames erleben, an das sie sich positiv erinnern. Sich in Extrem-Situationen kennenlernen und dabei erfahren, dass sie sich aufeinander verlassen können. Das schafft Vertrauen. Und nimmt Konflikten die Brisanz.

Kapitelfazit

**Dies ist für mich aus diesem Kapitel besonders wichtig –
um diese Punkte werde ich mich noch genauer kümmern:**

1) _____

2) _____

3) _____

4) _____

5) _____

_____

_____

_____

KAPITEL 4

So führen Sie punkt-genau und messbar: Erfolgsziele

IHR CHECK AUF EINEN BLICK

WORUM es in diesem Kapitel geht

WAS ist in diesem Auf-gabenbereich zu tun?	Woran messen Sie den Erfolg Ihrer Vertriebsführung? An erreichten Zielen! Diese können quantitativer und qualitativer Natur sein. In dieser Phase geht es darum, wie Sie – gemeinsam mit dem Vertriebsteam – die richtigen Ziele setzen und Unterstützung zur Errei-chung geben.
WARUM ist es zu tun?	Erfolgsziele im Vertrieb sind die Umsetzung der un-ternehmerischen Vision. Wenn der Vertrieb nicht die richtigen Ziele hat, bekommt er seine PS nicht auf die Straße. Motivationskiller Nummer 1 im Vertrieb. Ziele sind quasi die motivierenden Erzählungen zu den Vertriebskennzahlen: Sie tragen die Motivation zu ihrer Erreichung gleich in sich, sie sind die emotionalisie-rende Story, die Feuer gibt.
WIE konkret ist es zu tun?	1) Quantitative und qualitative Ziele richtig entwickeln 2) Wie Sie Mitarbeiter bei der Festlegung von Zielen involvieren: Teilhabe stärkt Eigenverantwortung. Involvement schafft Implementierung! 3) Sie lernen, Zielformulierungen motivierend und Teilziel-Festlegungen konkret zu machen… 4) … und nutzen Checklisten zur Überprüfung der Zielquoten

Führung hat immer damit zu tun,

Orientierung zu geben.

Gute Führung zeigt sich

bei unruhiger, bei schwerer See!

Dies gilt auch und gerade für den Vertrieb.

Peter F. Drucker hat in den 1970er Jahren das Führen mit Zielverein-barungen beschreibend eingeführt. Während seitdem immer neue Ma-nagementsysteme und -philosophien diskutiert wurden, hat sich die Überzeugung Druckers weiter durchgesetzt und ist bis heute branchen-übergreifend anerkannt.

Erfolgsziele gemeinsam festlegen

Zielvereinbarungen im Vertrieb helfen Ihnen und Ihrem Team, die Arbeit auf die Unternehmensstrategie auszurichten und sich auf das Wesentli-che zu konzentrieren, die Innovationskraft zu stärken, Erfolge systema-tisch zu kontrollieren und die Zusammenarbeit besser zu koordinieren. Und sie sind die Basis für bessere Arbeitsergebnisse. Denn nur wenn ich (als Mitarbeiter, aber auch als Führungskraft) weiß, was von mir in welchem Zeitrahmen erwartet wird, kann ich dieses Ziel auch erreichen.

Ein wichtiger Aspekt für diesen Erfolg ist dabei die Art und Weise, wie die Ziele festgelegt werden. Dies geschieht nicht als einfache Anordnung von oben nach unten. Als klare Ansage, wer was bis wann zu erledigen hat, um das Unternehmensziel zu erreichen. Sie richten sich vielmehr am Mitarbeiter und den Unternehmenszielen aus. Und werden deshalb von Mitarbeitern und Vorgesetzten gemeinsam entwickelt und vereinbart. Damit wird sichergestellt, dass der Mitarbeiter die Ziele akzeptiert. Dass er hinter ihnen steht und bereit ist, sich persönlich für diese Ziele zu engagieren.

Durch das Gespräch und die Zielvereinbarung erhält er zudem eine klare Vorstellung davon, was von ihm erwartet wird. Und welche Möglichkei-ten ihm zur Verfügung stehen, um dieses Ziel zu erreichen. Gleichzeitig profitiert er von mehr Eigenverantwortung und die Einbindung in Ent-scheidungsprozesse. Er kann die Richtung seiner beruflichen Weiterent-wicklung mitbestimmen. Dies alles wirkt sich auf seine Motivation, seine Identifikation mit dem Unternehmen und den Produkten und damit auch auf seine Zufriedenheit aus.

Natürlich gibt es auch die Mitarbeiter, die diese Art der Führung ablehn-nen. Die Zielvereinbarungen mehr als skeptisch gegenüberstehen. Aus Angst, dass der Leistungsdruck zunimmt. Sie überfordert werden oder eine zu hohe Verantwortung tragen müssen. Hinzu kommt die Angst vor dem Versagen – vor allem dann, wenn die Ziele an Boni gekoppelt sind, also auch finanzielle Einbußen bei Nichterreichen drohen.

Praxiswissen:

Zielvereinbarungen – Ihre Vorteile als Führungskraft

Als Führungskraft profitieren Sie von einem Nebeneffekt: Ziele und Zielerreichung sind eine objektive Basis für die Beurteilung der erbrachten Mitarbeiterleistung. Zumindest dann, wenn sie konkret formuliert werden. Das klingt zunächst simpel. Viel zu oft scheitert es in der Praxis jedoch an oberflächlichen oder unpräzisen Zielen. „Mehr Umsatz" beispielsweise oder „Neukundengewinnung". So formuliert stiften die „Ziele" mehr Verwirrung als Orientierung. Wie viel Umsatz in zu erreichen? In welchem Segment? In welcher Zeit? Mit Fokussierung auf welche Kundengruppen? – Wenn Sie diese Fragen nicht bereits bei der Zielformulierung beantworten, fehlt Ihnen später nicht nur eine Grundlage zur fairen Mitarbeiterbeurteilung. Verkäufer brauchen Zahlen, das liegt in der Natur der Sache. Dabei zu „schlampen", demotiviert (über´s Ziel hinaus zu schießen, auch). Nur was man messen kann, kann man messbar steigern!

Ihre eigene Zielplanung als VertriebsleiterIn

Immer wieder stelle ich, wenn ich als Vortragsredner, Berater und Trainer in Unternehmen komme, fest, dass die „Ziellosigkeit" schon in der Vertriebsführung anfängt. Will heißen: am Kopfe. Da finden sich dann Führungskräfte, die sich zwar terminlich organisieren, aber dies eher reaktionsgetrieben auf Basis des Vorstands-Sitzungskalenders oder der Quartalszahlenbesprechung tun. Jedenfalls nicht strategisch begründet, nicht aktiv-planerisch und fokussiert auf die Verbesserung der eigenen Ergebnisse und der eigenen Zielorientierung. Dafür biete ich ein einfaches Musterformular an, das jeder auf sich selbst anpassen kann: das händisch oder auch online geführt werden kann. Ist Geschmackssache. In der Praxis hat sich die Papierversion bewährt, zumindest wenn es um die gemeinsame Planung des Verkäufers mit dem Verkaufsleiter, der Führungskraft geht. Das Resultat des Planungsprozesses kann dann online und im CRM hinterlegt und controlled werden.

Abb: Jahres-Zielplanung Vertriebsführungskraft/Vertriebsleiter/Teamleiter

Jan	Feb	Mrz	Apr	Mai	Jun	Jul	Aug	Sep	Okt	Nov	Dez

Aktive, neue Mitarbeiter im Vormonat

+

Aktive Mitarbeiter insgesamt

×

Umsatz pro Mitarbeiter

+

geplanter eigener Umsatz

-

Monatsergebnis:

geplanter eigener Umsatz   + add. Ergebnis

Storno/Retouren

€ € € € € € € € € € € €
% % % % % % % % % % % %

Umsatzentwicklung (laufend)

Jan Feb Mrz Apr Mai Jun Jul Aug Sep Okt Nov Dez

Umsatzentwicklung nach Bewertungseinheit

500	1.000	2.750	10.000	36.000
450	900	2.500	9.000	32.000
400	800	2.250	8.000	24.000
350	700	2.000	7.000	21.000
300	600	1.750	6.000	18.000
250	500	1.500	5.000	15.000
200	400	1.250	4.000	12.000
150	300	1.000	3.000	9.000
100	200	750	2.000	6.000
50	100	500	1.000	3.000
25	50	250	500	1.500
0	0	0	0	0

Mitarbeiter/Teamentwicklung (Anzahl)

Jan Feb Mrz Apr Mai Jun Jul Aug Sep Okt Nov Dez

Anzahl der Mitarbeiter

20	40	100	250	500
18	36	90	225	450
16	32	80	200	400
14	28	70	175	350
12	24	60	150	300
10	20	50	125	250
8	16	40	100	200
6	12	30	75	150
4	8	20	50	100
2	2	10	25	50
0	0	0	0	0

Quantitative und qualitative Vertriebsziele

Dass Ziele „**SMART**" – also spezifisch, messbar, attraktiv, realistisch und terminiert – sein müssen, hatten wir bereits erörtert. Aber was ist messbar? Die Umsatzsteigerung? Die Anzahl der Verkäufe? Die Zahl der neu gewonnen Kunden? Dreimal Ja. Und trotzdem: Ganz so einfach ist es nicht (mehr). Den Erfolg eines Vertriebsmitarbeiters ausschließlich an seinen Abschluss- und Umsatzzahlen abzulesen, ist fahrlässig. Denn dies bedeutet, dass viele Aufgaben im Vertrieb brach liegen würden, weil sie später bei der Beurteilung keine Rolle spielen.

Nicht zuletzt fließen seit einigen Jahren zunehmend qualitative Vertriebsziele in die Zielvereinbarung, aber auch in die spätere Mitarbeiterbewertung ein. Worin unterscheiden sich quantitative von qualitativen Vertriebszielen nun konkret? Und warum werden letztere immer wichtiger?

Praxiswissen:

Quantitative Vertriebsziele

Klassische quantitative Vertriebsziele sind beispielsweise:

- Abschlusszahlen bzw. Verkaufsvolumen (Stückzahlen oder Geldwert)

- Erzielte Umsätze in einem definierten Zeitraum

- Deckungsbeitrag

- Anzahl der Kundenbesuche bzw. Kundenkontakte

- Up/Cross selling Bestandskunden

- Gewonnene Neukunden absolut

- Reaktivierte Bestandskunden, Nullkunden, schlafende Kunden

- Manntage und Auslastung

Die oben genannten Ziele haben eines gemeinsam: Sie lassen sich relativ einfach messen. Trotzdem reicht es hier nicht aus, eine Zahl wie beispielsweise „Umsatzsteigerung von 30 %" vorzugeben. Vielmehr müssen klare Regeln festgelegt werden. Muss definiert werden, in welchem Produktsegment die Umsatzsteigerung erreicht werden soll. In welchem Zeitrahmen. Mit welchem Kundensegment. Welche Mittel stehen dem Vertriebsmitarbeiter dafür zur Verfügung? Wie weit darf er – um einen Abschluss zu erreichen – dem Kunden entgegenkommen? Welche Werte müssen beachtet werden? Diese Spielregeln sind nötig, um die Erfolge wirklich messen zu können – und zwar sowohl auf betriebswirtschaftlicher als auch auf unternehmenskultureller Ebene. Sonst droht die Gefahr, dass Vertriebsmitarbeiter kontinuierlich Rabatte oder Sonderkonditionen gewähren, um die abgesprochenen Verkaufszahlen oder Umsatzziele zu erreichen. Mit entsprechenden Folgen: Stimmen die Verkaufspreise nicht mit den benötigten Deckungsbeträgen überein, zahlt das Unternehmen drauf. Dies gefährdet langfristig das Unternehmen. Und dies obwohl der Mitarbeiter seine Zielvorgaben erreicht hat.

Auch andere Maßnahmen wie beispielsweise Geschenke oder andere Mittel, die gegen die eigenen Compliance-Richtlinien verstoßen, schaden mehr als sie nutzen. Denn sie widersprechen den Unternehmenswerten, der Unternehmenskultur. Dieser Widerspruch wird intern und extern nicht unbemerkt bleiben und dem Unternehmen, seinem Image langfristig schaden.

HINTERGRUND:

Compliance

Unter Compliance versteht man die Einhaltung von Gesetzen und Richtlinien in einem Unternehmen. Vor dem Hintergrund zahlreicher Bestechungsaffären haben sich viele Unternehmen klare Compliance-Richtlinien gegeben – und das ist auch gut so! In ihnen steht beispielsweise, unter welchen Voraussetzungen Geschenke gemacht oder angenommen werden dürfen und welchen Wert diese Geschenke nicht überschreiten dürfen. Auch Einladungen zum Essen, zum Oktoberfest, Autorennen, Fußballspielen und anderen Veranstaltungen unterliegen diesen Richtlinien. Damit soll sichergestellt werden, dass sich alle Mitarbeiter gesetzeskonform verhalten und die Geschäfte nach fairen Spielregeln vereinbart und durchgeführt werden.

Soweit so gut. Es wird aber auch in die falsche Richtung über-
trieben. So habe ich zuletzt ein kleines Büchlein zu Weihnachten
verschenkt, das vom Kunden mit einer zweiseitigen Begründung
„Compliance" zurückgesandt wurde. Dabei lag es unter der 10
Euro-Grenze und sollte wirklich nur Aufmerksamkeit zeigen.
Ohne Worte, oder? Total übertrieben. Schade!

Stehen jedoch die Spielregeln fest, können Sie Ihre Mitarbeiter fair und
objektiv an ihren Leistungen beurteilen. Feststellen, ob sie die zwischen
Ihnen vereinbarten Ziele auch wirklich erreicht haben. Ob sie knapp daneben lagen oder auch von einer Annäherung nicht die Rede sein kann. Und
gemeinsam mit ihnen klären, weshalb es zu dieser überraschenden Abwei-
chung gekommen ist. Gemeinsam Maßnahmen wie Weiterbildungen vereinbaren, um sie bei ihren Zielen für die nächsten Monate zu unterstützen.

Qualitative Ziele messbar machen

Sehr viel schwerer wird es bei den qualitativen Vertriebszielen. Hier geht
es nicht um nackte Zahlen. Im Mittelpunkt stehen vielmehr Aspekte,
die dem gesamten Vertriebsteam, dem gesamten Unternehmen zugu-
te kommen. Die auf Wissenstransfer, auf den Teamspirit abzielen. Aber
auch Aspekte, die sich erst langfristig in Erfolge ummünzen lassen – die
aber für das Vertriebsteam wichtig sind.

PRAXISWISSEN:

Qualitative Vertriebsziele

Typische qualitative Vertriebsziele sind beispielsweise:

- die Aus- und Weiterbildung der Vertriebsmitarbeiter wie
  der Besuch von Seminaren mit Erwerb von zusätzlichen
  Kompetenzen

- die Einarbeitung neuer Vertriebsmitarbeiter

- das Erstellen und Optimieren von Verkaufsunterlagen

- die Entwicklung oder Überarbeitung von Präsentationen

- Entwicklung einer Nutzenargumentation für ein Produkt

- Entwicklung eines Telefonleitfadens für Inbound-Mitarbeiter

- Strategien zur Neukundengewinnung

- das Erstellen einer Markt- und Wettbewerbsanalyse

- Wettbewerbsbeobachtung

- die Einführung, Pflege oder Optimierung eines CRM-Systems

- Entwicklung von Maßnahmen, mit denen sich Bearbeitungszeiten verkürzen lassen

- Maßnahmen zur vereinfachten Bearbeitung von Reklamationen

- Entwicklung von imagesteigernden Maßnahmen

Alle diese Aufgaben gehören zu dem Arbeitsalltag Ihrer Mitarbeiter. Sie sind die Grundlage für den Vertriebserfolg. Auch der beste Verkäufer braucht Nutzenargumente, mit denen er seine Kunden überzeugen kann. Braucht eine Präsentation. Oder entsprechende Verkaufsmaterialien. Und muss anfangs eingearbeitet werden. Und vor allem muss das Ganze ständig trainiert und verbessert werden. Ein Profifußball-Team stellt ja auch niemals das Training ein. Tsss!

Diese Aufgaben mit in die Bewertung Ihrer Mitarbeiter einfließen zu lassen, ist also fair. Aber auch schwierig. Denn jeder von uns versteht unter dem Ziel „Produktwissen verbessern" etwas anderes. Gibt sich bei der Einarbeitung neuer Kollegen mehr oder weniger Mühe. Deshalb muss für jedes Ziel auch hier ein klarer Maßstab festgelegt werden. Wie viel Zeit wurde für die Einarbeitung aufgewendet? Wurden alle Fragen beantwortet? Stand der Vertriebsmitarbeiter dem neuen Kollegen auch nach dieser Phase bei Fragen zur Verfügung? Und vor allem: Hat er wirklich das Wissen vermittelt bekommen, das er benötigt? Kennt er alle zur Verfügung stehenden Vertriebswege? Kann er das CRM-System bedienen?

Ein Beispiel: Schauen wir uns das Ziel „Entwicklung einer Präsentation" einmal genauer an. Wie könnte hier eine Beurteilung aussehen? Zunächst ist es wichtig, die eigenen Anforderungen an die Präsentation zu definieren – und diese dem Mitarbeiter im Vorfeld mitzuteilen. Diese Maßstäbe dienen dann auch hinterher der Bewertung, die beispielsweise so aussehen kann:

CHECKLISTE Beurteilung „Entwicklung einer Präsentation"	Ziel nicht erreicht	Ziel erreicht	Teilziel erreicht	Anmerkung/ Begründung
Ansprechendes Layout	☐	☐	☐	
Unternehmensfarben/CD berücksichtigt	☐	☐	☐	
Klare Gliederung	☐	☐	☐	
Inhaltliche Vorgaben finden sich wieder	☐	☐	☐	
Unternehmenswerte finden sich wieder	☐	☐	☐	
USP wird deutlich	☐	☐	☐	
Vorteile gegenüber dem Wettbewerb formuliert	☐	☐	☐	
Modularer Aufbau für verschiedene Zielgruppen	☐	☐	☐	
Sämtliche Zielgruppen berücksichtigt	☐	☐	☐	
Klare, einfache Sprache	☐	☐	☐	
Eigenes Wording berücksichtigt	☐	☐	☐	
Wertiger Eindruck	☐	☐	☐	
Lässt sich auch als Handout nutzen	☐	☐	☐	

Um die Teilziele zu beurteilen, können Sie beispielsweise Prozentzahlen angeben. Oder Schulnoten. Oder auch ungerade Skalen. Begründen Sie, warum Sie zu dem Ergebnis kommen. Was Ihnen fehlt. Damit geben Sie Ihrem Mitarbeiter die Chance, sein Arbeitsergebnis zu begründen.

Anderes Beispiel: Wie schaut es beispielsweise bei der Aufgabenstellung „Strategien zur Neukundengewinnung aus"? Diese Aufgabe ist weitaus komplexer als eine neue Präsentation. Hier könnte eine Bewertung beispielsweise nach folgenden Kriterien erfolgen:

CHECKLISTE **Beurteilung „Strategien zur Neukundengewinnung"**	Ziel nicht erreicht	Ziel erreicht	Teilziel erreicht	**Anmerkung/ Begründung**
Ist-Status richtig analysiert	☐	☐	☐	
Soll-Status richtig wiedergegeben	☐	☐	☐	
SWOT-Analyse durchgeführt	☐	☐	☐	
Zu berücksichtigende Märkte/ Zielgruppen genannt	☐	☐	☐	
Zugänge zu Zielgruppen/Märkten definiert	☐	☐	☐	
Anforderungen der Zielgruppen/ Märkte analysiert	☐	☐	☐	
Nutzenargumente für Zielgruppen/ Märkte als Basis für Maßnahmen erstellt	☐	☐	☐	
Maßnahmen entwickelt und mit Vor- und Nachteilen erläutert	☐	☐	☐	
Prozesse aufgezeichnet	☐	☐	☐	

Zuständigkeiten definiert	☐	☐	☐	
Erste Kalkulation erstellt, Businessplan entwickelt	☐	☐	☐	
Realisierbarkeit geprüft (Budget, Manpower, Unternehmenskultur etc.)	☐	☐	☐	

Diese Beispiele zeigen: Auch qualitative Vertriebsziele sind messbar. Sie sollten bei der Zielerreichung jedoch genauso wie die quantitativen Ziele ganz klaren Kriterien unterliegen. Das erfordert Disziplin – von Ihnen. Denn Sie müssen sich im Vorfeld darüber klar werden, was genau Sie von Ihrem Mitarbeiter erwarten. Welche Aspekte die von ihm zu lösende Aufgabe – qualitativ und quantitativ – berücksichtigen soll. Nur wenn Sie das auf den Punkt bringen, kann Ihr Mitarbeiter ein gutes Ergebnis liefern. Und Sie haben eine solide Grundlage, auf der Sie seine Erfolge bewerten können.

Erfolgsziele richtig formulieren

Diese Aspekte gilt es im nächsten Schritt klar zu formulieren. Nachfolgend deshalb einige Beispiele für klare Zielformulierungen.

PRAXISWISSEN:

Zielformulierungen

Je konkreter eine Zielformulierung ist, umso eindeutiger weiß Ihr Mitarbeiter, was Sie von ihm erwarten. Sie hingegen profitieren von einer objektiven Grundlage für die Bewertung der Mitarbeiterleistung.

Gute Zielvorgaben sind beispielsweise:

- Ich kann mir vorstellen, dass Sie es schaffen, den Umsatz bis zum Jahresende um 15 % zu erhöhen. Was denken Sie? Hierfür stehen Ihnen folgende Mittel …

- Wir haben im letzten Jahr in der Branche Automotive einen Umsatzrückgang hinnehmen müssen. Ich möchte deshalb, dass Sie bis zum 15.12. dieses Jahres drei Neukunden aus dieser Branche gewinnen. Ist das für Sie machbar? Diese sollten einen jährlichen Umsatz von xy Millionen machen sowie mindestens xyz Mitarbeiter beschäftigen. Potenzielle Kunden finden Sie unter anderem in unserem CRM-System …

- Unser Wettbewerber Höhselschnöh hat im vergangenen Jahr den Abstand zu uns verringert. Wir müssen deshalb unser Profil besser herausarbeiten. Wir denken daher, dass wir die bestehende Produktpräsentation überarbeiten sollten. Ich erwarte von Ihnen, dass Sie sich die bestehende Produktpräsentation ansehen und sie überarbeiten. Bitte achten Sie hierbei besonders darauf, dass unser USP deutlich wird, Sie die folgenden Zielgruppen berücksichtigen … und dass die Präsentation unserem Corporate Design berücksichtigt. Schön wäre zudem, wenn Sie folgende Aspekte berücksichtigen …

- Wir werden unser Team in diesem Jahr aufstocken und neue Vertriebsmitarbeiter einstellen. Für die Einarbeitung haben wir Sie und Herrn HinzKunz vorgesehen. Bitte stellen Sie sicher, dass die neuen Kollegen innerhalb von vier Wochen unsere Produkte und Vertriebswege kennenlernen, mit dem CMS-System umgehen können, die wichtigsten Ansprechpartner in den Abteilungen kennen und erste, kleine Vertriebsaufgaben eigenständig gelöst haben. Gerne können Sie mir einen Zwischenbericht geben – beispielsweise, wenn sich die neuen Kollegen unerwartet schwer tun. Dann können wir gemeinsam überlegen, wie wir damit umgehen.

Ob die neuen Mitarbeiter sich das gewünschte Wissen mit Hilfe der Kollegen angeeignet haben, lässt sich beispielsweise durch ein paar einfache Testfragen überprüfen. Werden Ihre Erwartungen nicht erfüllt, gilt es in diesem Fall genauer hinzuschauen: Wie viel Mühe hat sich der Mitarbeiter bei der Einarbeitung der neuen Kollegen gegeben? Wo hat es gehakt? Haben ihm die neuen Mitarbeiter überhaupt die Chance gegeben, Wissen zu vermitteln? Hätte er sich melden sollen oder gar müssen? Gerade, wenn es um zwischenmenschliche Aspekte geht, ist Vorsicht bei der Einschätzung und Bewertung gefragt.

In vielen Unternehmen finden Jahresgespräche statt, in denen der Mitarbeiter Feedback bekommt und seine Jahresziele festgelegt werden. Das Problem: Im Alltag rutscht das Ziel nach hinten, ist nicht präsent. Brechen Sie die Ziele deshalb herunter. Erwarten Sie von Ihrem Mitarbeiter beispielsweise nicht 24.000 Euro mehr Umsatz im Jahr, sondern eher jeden Monat 2.000 Euro mehr Umsatz. Helfen Sie ihm dabei herauszufinden, welche Schraube er drehen muss, um dieses Ziel schrittweise zu erreichen – bei sich selbst, seinen Prozessen oder auch seinen Argumentationen in den Verkaufsgesprächen.

Zielvereinbarungen als Basis für Prämien und Boni

Bei variablen Vergütungen ist die Erreichung von Zielen dafür ausschlaggebend, welches Jahreseinkommen Ihr Mitarbeiter letzten Endes wirklich hat. Um Unruhe und das Gefühl von ungerechter Behandlung zu vermeiden, sollte deshalb von Anfang an festgelegt werden, welche Prämie in welcher Höhe bei der Erreichung welcher (Teil-)Ziele ausbezahlt wird. Diese Vereinbarung wird schriftlich festgelegt und von beiden Seiten unterschrieben.

Aussehen kann eine solche Zielvereinbarung wie folgt:

PERSÖNLICHE ZIELVEREINBARUNG

für das Jahr 2015

Name des Mitarbeiters: _____

Verkäufernummer: _____

Name der Führungskraft: _____

Vereinbarte Ziele: _____

Ziel 1: _____

Ziel 2: _____

Ziel 3: _____

Zu 100 % ist das Ziel erreicht, wenn

_____

Bei Erreichung der Ziele erhält der Mitarbeiter Prämien in folgender Höhe:

Ziel 1:   bei 150 % erreichtem Ziel: _____ Euro.

bei 100 % erreichtem Ziel: _____ Euro.

bei 80 % erreichtem Ziel: _____ Euro.

Unter 80 % wird keine Prämie ausgezahlt.

Dabei gelten folgende Kriterien:

Zu 150 % ist das Ziel erreicht, wenn

_____

_____

_____

Zu 100 % ist das Ziel erreicht, wenn

_____

_____

_____

Zu 80 % ist das Ziel erreicht, wenn

_____

_____

_____

Ziel 2:   bei 150 % erreichtem Ziel: _____ Euro.

bei 100 % erreichtem Ziel: _____ Euro.

bei 80 % erreichtem Ziel: _____ Euro.

Unter 80 % wird keine Prämie ausgezahlt.

Dabei gelten folgende Kriterien:

Zu 150 % ist das Ziel erreicht, wenn

_____

_____

_____

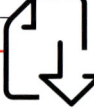

Zu 100 % ist das Ziel erreicht, wenn

_____

_____

_____

Zu 80 % ist das Ziel erreicht, wenn

_____

_____

_____

Ziel 3: bei 150 % erreichtem Ziel: _____ Euro.

bei 100 % erreichtem Ziel: _____ Euro.

bei 80 % erreichtem Ziel: _____ Euro.

Unter 80 % wird keine Prämie ausgezahlt.

Dabei gelten folgende Kriterien:

Zu 150 % ist das Ziel erreicht, wenn

_____

_____

_____

Zu 100 % ist das Ziel erreicht, wenn

_____

_____

_____

Zu 80 % ist das Ziel erreicht, wenn

_____

_____

_____

_____

Datum

_____   _____

Unterschrift Mitarbeiter   Unterschrift Führungskraft

Zielerreichung und Boni

Bei der Auszahlung der Boni gibt es verschiedene Möglichkeiten. So kann beispielsweise der Bonus monatlich ausgezahlt werden, wenn ein Mitarbeiter das Ziel zu 100 % oder mehr erreicht. Oder aber der Bonus wird am Jahresende festgestellt und zurückgestellt. Nach ein bis drei Jahren wird er dann multipliziert mit der prozentualen Veränderung (hoffentlich nach oben) ausgekehrt. Eine Idee für das Thema „nachhaltige Steigerung".

Vertriebsziele als Instrument verstehen und nutzen

Die Erreichung der Vertriebsziele ist für Ihre Mitarbeiter im Hinblick auf ihr Einkommen wichtig. Sie dienen der Motivation, der Leistungssteigerung und der Orientierung. Ihr eigentlicher Sinn liegt jedoch in ihrer Funktion als Führungsinstrument.

Vertriebsziele geben Ihnen die Möglichkeit, das Erreichte fair zu messen und zu bewerten. Ihrem Mitarbeiter Feedback zu geben. Sinnvolle Maßnahmen zu definieren, mit denen die Mitarbeiter gefördert werden können.

Und solche, mit denen der Vertrieb – und damit das Unternehmen als solches – gestärkt werden kann.

Bei der Formulierung der Vertriebsziele sollten deshalb verschiedene Aspekte berücksichtigt werden. Dies fängt bei der Unternehmensstrategie an: Was will das Unternehmen in den nächsten 12, 24, 36 Monaten erreichen? Welcher Umsatz soll erzielt werden? Welche Produkte sollen bei welchen Kunden im Fokus stehen? Cross/Up selling? Welche neuen Märkte, welche Branchen erschlossen werden? Welche Märkte schrumpfen? Welche wachsen? Welche Produkte sollen neu auf den Markt gebracht, welche bestehenden forciert werden?

Gleichzeitig gilt es, die Vertriebsmitarbeiter nicht zu überfordern. Ihnen nicht durch schlicht unrealistische oder auch zu viele Ziele die Motivation, die Luft zum Atmen zu nehmen. Den Spaß an der Arbeit. Achten Sie darauf, in stagnierenden Märkten keine rasant steigenden Umsätze zu erwarten. Verlangen Sie nicht, dass Produkte verkauft werden, die sich längst überholt haben. Schaffen Sie unbedingt eine hohe Identifikation mit den Produkten und mit der Dienstleistung. Heute werden Lösungen und Erkenntnisse verkauft. Wenn überhaupt. Geht der Trend doch eindeutig hin zur Moderation im Verkauf, zu guten Fragen im Verkauf, zur Haltung des „Kaufen lassens". Gewährleisten Sie, dass sich das Erreichen qualitativer Ziele genauso positiv auf den Boni auswirken wie die quantitativen Ziele. Achten Sie auch darauf, dass Ihr Mitarbeiter die persönlichen Voraussetzungen mitbringt, um diese Ziele zu erreichen.

PRAXISTIPP:

Vermeiden Sie Überforderungen und Unterforderungen bei Ihren Mitarbeitern!

Achten Sie darauf, dass jeder Mitarbeiter nicht mehr als 5 Ziele hat, die er verfolgen soll. Mehr ist unrealistisch. Verkäufer wollen gefordert werden – vergessen Sie das nicht!

Um ein Gelingen zu ermöglichen und Langeweile zu vermeiden, sollten die Ziele aus verschiedenen Ebenen kommen.

Typischerweise sind dies

- wirtschaftliche bzw. finanzielle Ziele, wie Umsatzsteigerung, Neukundengewinnung oder Erschließung neuer Märke bzw. Branchen

- Ziele aus dem Bereich Kundenbeziehung bzw. -pflege, wie Erhöhung der Kundenzufriedenheit; Rückgang der Reklamationszahlen etc.

- Ziele aus dem Bereich Prozessoptimierung wie schnellere Bearbeitung von Anfragen

- Ziele aus dem Bereich Teamorientierung wie beispielsweise die Einarbeitung neuer Kollegen

Integrieren Sie zudem ein motivierendes Ziel, dass der Profilierung des Mitarbeiters dient und ihn beruflich anspornt.

Kapitelfazit

**Dies ist für mich aus diesem Kapitel besonders wichtig –
um diese Punkte werde ich mich noch genauer kümmern:**

1) _____

2) _____

3) _____

4) _____

5) _____

_____

_____

_____

KAPITEL 5

So nutzen Sie einfach Vertriebskennzahlen:
Controlling

Ihr Check auf einen Blick

WORUM es in diesem Kapitel geht

WAS ist in diesem Aufgabenbereich zu tun?	Management-Aufgaben, die klassische Vertriebssteuerung mittels Vertriebskennzahlen, ist Ihre zweite Pflicht neben der Menschenführung. Mehr als 100 verschiedene Kennzahlen für Marketing (als Markt- und Vertriebsvorbereitung) und Vertrieb sind definiert – sie werden in unzähligen individualisierten Varianten genutzt. In dieser Phase stellen Sie das Set an Vertriebskennzahlen auf, das Sie zur Steuerung Ihres Vertriebs benötigen.
WARUM ist es zu tun?	Wenn Ziele das Herz Ihrer Vertriebsführung sind, dann sind Vertriebskennzahlen das Hirn. Hier greifen Führung und Management ineinander, denn das Zahlenwerk muss sauber sein und Ihnen auf einen Klick den Überblick über Umsatzentwicklung, Gewinnerwartung, Trends und Risiken geben.
WIE konkret ist es zu tun?	1) Sie legen das für Ihr Unternehmen entscheidende Set an Vertriebskennzahlen fest 2) Sie aktualisieren diese in zeitlichen Abständen, um Marktentwicklungen gerecht zu werden sowie gemäß der – siehe das vorige Kapitel – sich ändernden quantitativen und qualitativen Ziele 3) Sie gleichen die Vertriebskennzahlen, Quoten und Werte mit Benchmarks ab – und lernen, wo Sie an Branchenbenchmarks herankommen 4) Sie nutzen Ihr Set an Vertriebskennzahlen zum Risikomanagement und zum Forecasting

Vertriebskennzahlen geben Übersicht auf einen Blick

Die Zielvorgaben kennen wir jetzt (aus dem vorigen Kapitel) – nun geht es darum, in der operativen Planung die Zielvorgaben in Ergebnisse umzusetzen, diese regelmäßig nachzuhalten und zu kontrollieren und Erwartungsmodelle (Forecasts) zu erstellen. Szenarien, von denen Handlungsempfehlungen und Vertriebsmaßnahmen abgeleitet werden. In der Vertriebssteuerung nutzen wir die Instrumente der Vertriebserfolgsrechnung, die die Beziehung zwischen Produkt und Markt analysiert, und die Vertriebskennzahlen, die Vorgaben (Soll-Zahlen) und Quoten sowie Werte (Ist-Zahlen) für die einzelnen Vertriebsprozesse beschreiben.

Vertriebsstruktur

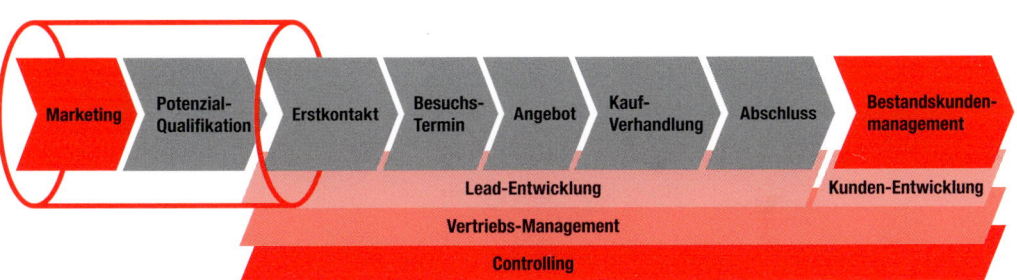

Abb: Der Vertriebsprozess von Markterschließung bis Bestandskundenentwicklung: Vertriebskennzahlen machen jeden Abschnitt messbar, kontrollierbar und verbesserbar (Quelle: nach: BITKOM: Vertriebskennzahlen für ITK-Unternehmen, S. 7)

Vertriebskennzahlen

Vertriebskennzahlen erfüllen fünf wesentliche Funktionen:

1. sie sind die Grundlage für die Vertriebsplanung und den Forecast

2. sie dienen dem Reporting und Controlling der Vertriebsentwicklung

3. sie können damit frühzeitig Trends und Marktbewegungen andeuten

4. sie dienen dem Risikomanagement, da sie Schwachstellen im Vertrieb rsp. der Prozesskette aufdecken

5. sie unterstützen die Motivation der Mitarbeiter, da sie die Basis für die Berechnung der variablen Vergütungsanteile sind

Orientierungshilfe für alle Bereiche des Verkaufs

Vertriebskennzahlen, auch Key Performance Indicators (KPI) oder Steuergrößen genannt, gibt es branchenunabhängig für sämtliche Bereiche des Verkaufs. Vom Angebot bis zum After Sales. Für Umsatz und Marktanteile. Die Zahl der potenziellen Kunden, für Leistung und Effizienz. Sie bilden sowohl planerische Zielsetzungen als auch operativ erreichte Ziele ab. Mit ihnen lassen sich die Erfolge in den unterschiedlichen Bereichen ablesen. Maßnahmen planen. Strategien entwickeln und korrigieren. Sie sind ständiger, wichtiger Begleiter im Vertrieb.

Standen früher Vertriebskennzahlen zu Umsatz, Marktanteil und Deckungsbeitrag im Fokus, werden heute zahlreiche weitere – auch qualitative – Vertriebskennzahlen betrachtet. Sie haben sich also genauso verändert wie der Vertrieb selbst. Mit dem Kunden 3.0, seiner Erwartungshaltung an die Beratung, haben beispielsweise Vertriebskennzahlen aus den Bereichen Kommunikation und Marketing an Bedeutung gewonnen.

Welche Vertriebskennzahlen wichtig sind, auf welche nicht verzichtet werden kann und welche nur eine nützliche, aber nicht wesentliche Zu-

	Region	Verkäufer	Produkt	Kunde	Umsatz
Deckungsbeitrag	1. Prio	1. Prio	1. Prio	1. Prio	1. Prio
Angebotsanzahl	2. Prio	2. Prio	2. Prio	2. Prio	3. Prio
Angebotssummen	2. Prio	2. Prio	2. Prio	2. Prio	1. Prio
Auftragsanzahl	2. Prio	2. Prio	2. Prio	2. Prio	3. Prio
Auftragssummen	2. Prio	2. Prio	2. Prio	2. Prio	1. Prio
Angebotserfolgsquoten (AEq)	2. Prio	1. Prio	1. Prio	1. Prio	
Besuchsanzahl	3. Prio	1. Prio		1. Prio	1. Prio
Neukunden	3. Prio	1. Prio	1. Prio	3. Prio	1. Prio
Altkunden – Stammkunden	3. Prio	1. Prio	1. Prio	3. Prio	1. Prio
Anzahl der betreuten Kunden	3. Prio	1. Prio	1. Prio	1. Prio	
PLZ	3. Prio		3. Prio	1. Prio	1. Prio
Umsatz	1. Prio	1. Prio	1. Prio	1. Prio	
Kunde	1. Prio	1. Prio	1. Prio		
Produkt	1. Prio	1. Prio			
Verkäufer	3. Prio				

Legendenkennzahl besitzt: ▇ 1. Priorität ▇ 2. Priorität ▇ 3. Priorität

Abb: Beispiel für eine Übersichtsmatrix an wichtigen Vertriebskennzahlen eines Vertriebsleiters
(Quelle: http://www.controllingportal.de/Fachinfo/Funktional/Vertriebscontrolling.html)

satzinfo geben – das hängt also von zahlreichen Facetten ab. Vom Geschäftsmodell. Der Marktposition. Den Produkten. Und natürlich von der Geschäfts- und Vertriebsstrategie. Doch ganz gleich, in welcher Branche Sie arbeiten, welche Produkte Sie verkaufen: Das System der Vertriebskennzahlen ist ein wertvolles und umfassendes Informationssystem für alle Absatz-, Kunden-, Wettbewerbs- und Marktsituationen. Dies macht sie für die tägliche Arbeit so wertvoll.

Welche Vertriebskennzahlen brauchen SIE für Ihre Vertriebsführung?

Und dies schon bei den grundsätzlichen Überlegungen. Beispiel Markt- und Wettbewerbssituation. Kein Unternehmen kann es sich leisten, diese Aspekte bei der Vertriebsplanung zu ignorieren. Vertriebskennzahlen zum absoluten und relativen Marktanteil sind deshalb ein Muss. Genauso wie Vertriebskennzahlen zu Umsatz, Kunden, Leistung und Effizienz. Die Gewichtung dieser Zahlen ist dabei genauso individuell wie das Unternehmen und seine Vertriebsziele. Haben Sie das Ziel, den Umsatz zu erhöhen, rücken Umsatz und Marktanteil in den Vordergrund. Geht es darum, sich durch günstigere Preise am Markt zu etablieren, werden Sie mehr Aufmerksamkeit auf die Vertriebskosten und das Pricing legen.

Praxiswissen:

Die wichtigsten Vertriebskennzahlen

In verschiedenen Branchen und Vertrieben unterschiedlicher Größe werden meist unterschiedliche Vertriebskennzahlen erhoben. Die wichtigsten Kennzahlen zur Vertriebssteuerung sind:

1. Umsatz (mit Bezugsrahmen/Gebiet/Sektor…)

2. Deckungsbeitrag (DB)

3. Akquisitionsleistung: Neukunden-Umsatz und Neukunden-DB

4. Cross/up Sellling quoten

5. Bestandskundenentwicklung nach Umsatz und Sparten und DB

6. Aktivitätserfolge: Frequenz und Quote : Anrufe – Termine, Ersttermine – Abschlusstermine, Quote Angebote – Erstgespräch-Zweitgespräch- Aufträge

7. Reklamationsquoten, Stornoquoten

8. Marktquoten: Marktausschöpfung, Marktanteile/ relative Marktanteile

9. Durchschnittliche Bons (Consumer-Kauf), durchschnittlicher Umsatz/Quadratmeter (Ladengeschäft), Pro-Kopf-Umsätze, Produktivitäten

Dazu respektive ersetzend können je nach Vertriebsart wichtige individuelle Vertriebskennzahlen kommen – wie Telefonquoten: Zahl der ausgeführten Anrufe (Telefonversuche) – Zahl der erreichten Adressaten – Zahl der erreichten Ziele-1 (z. B. Qualifizierung des Ansprechpartners) und Ziele-2 (z. B. Terminvergabe). Oder Empfehlungsquoten und Crossselling Potenziale

Relevante Kennzahlen für die Vertriebssteuerung

Worüber reden wir nun konkret? In welchen Phasen – von der Vertriebsplanung bis zum Abschluss – sollten Kennzahlen erhoben werden? Und was haben Sie davon? Zunächst: Vertriebskennzahlen sind in jeder Phase sinnvoll. In der Potenzialqualifizierung ebenso wie bei der Lead-Entwicklung, in der Angebotsphase und im Bereich Auftragsabschluss. Sie ermöglichen ein schnelles Eingreifen. Eine Korrektur. Oder die Aufstockung des Vertriebs-Teams.

Vertriebskennzahlen sind „umgerechnete Vertriebsziele und Erfolgschancen"

In jeder Phase bedeutet auch, dass Kennzahlen bereits als Grundlage für die Vertriebsstrategie und die Vertriebsziele dienen sollten. Das Ziel, den Marktanteil zu erhöhen, macht nur dann Sinn, wenn es entsprechendes Marktpotenzial gibt. Wenn die Wettbewerbssituation Ihnen die Chance gibt, Ihrem Wettbewerber Anteile abzuluchsen. Auch der Personalbedarf will nicht ins Blaue geplant werden.

Einmal erhoben, unterstützen Vertriebskennzahlen Sie in vielen Detailplanungen. Beispiel Potenzialqualifizierung. Hier geht es schlicht darum, wie viele potenzielle Abnehmer es für Ihr Produkt überhaupt gibt. Dieses Wissen ist Voraussetzung, um Details wie Vertriebsgebiete, Vertriebsziele, die Größe des Teams sowie die Vertriebskosten überhaupt planen zu können.

Betrachtet werden dabei Adressdaten, Detailinformationen zu Ansprechpartnern bis hin zu konkreten Bedarfssituationen. Die Ergebnisse der Potenzialqualifizierung werden dem Vertrieb über das CRM-System zur

Verfügung gestellt oder aber direkt vom Vertrieb erarbeitet. Dieser kann dann die weitere Planung vornehmen: Beispielsweise die Größe der Vertriebsgebiete so definieren, dass sie vom Außendienst beherrschbar sind. Dass die potenziellen Kunden gerecht verteilt sind. Andere Gebiete als irrelevant einstufen, weil dort zu wenig Potenzial ist. Häufig ist es sinnvoll, für diese Entscheidungen auch den absoluten Marktanteil des eigenen Unternehmens sowie die Wettbewerbssituation anzusehen. Die Vertriebskennzahl Potenzialqualifizierung kann zudem als Grundlage für die Budgetierung von Kommunikationsmaßnahmen, zur Personalbedarfsplanung und zur zeitlichen Planung von Vertriebsmaßnahmen genutzt werden.

Die Detailplanung betrifft übrigens auch den einzelnen Kunden. Dank CRM-Systemen wie Salesforces sowie den Lösungen von SAP oder Oracle stehen den Verkäufern zahlreiche Informationen zur Verfügung – sofern die Daten richtig gepflegt werden. So lässt sich nicht nur erkennen, welche Produkte er bereits gekauft hat – Ihr Mitarbeiter kann auch Cross-Selling- und Upselling-Potenziale erkennen.

Praxiswissen:

„Vertriebskennzahl Potenzialqualifizierung"
in der Führung nutzen

Wie lässt sich die Vertriebskennzahl Potenzialqualifizierung in der Mitarbeiterführung nutzen? Je nach Vertriebsstrategie können Sie mit Ihrem Mitarbeiter folgende quantitative Ziele vereinbaren:

- definierte Anzahl von Terminvereinbarungen in einem bestimmten Zeitraum

- definierte Anzahl von Besuchen im definierten Zeitraum

- Steigerung der aktiven Kunden um XX Prozent

- Erhöhung des Marktanteils in einem definierten Vertriebsgebiet um XX Prozent

- Umsatzerhöhung in einem definierten Vertriebsgebiet um XX Prozent

Qualitative Ziele wären beispielsweise:

- Neustrukturierung der Vertriebsgebiete
- Entwicklung einer Marketingstrategie für neue Vertriebsgebiete
- Entwicklung und Realisierung von Marketingmaßnahmen

Akquisition: „Vertriebskennzahlen Lead-Generierung"

Eine weitere wesentliche Vertriebskennzahl ist die der Lead-Entwicklung. Genauer gesagt geht es hier um mehrere Teilkennzahlen. Diese orientieren sich an den verschiedenen Phasen vom Erstkontakt bis zum Abschluss. Unterteilt werden kann bei Bedarf auch nach Branche, Produkt oder anderen Aspekten. Werden die einzelnen Kennzahlen gemeinsam analysiert, können entsprechende Maßnahmen zur Vertriebs-Eigensteuerung abgeleitet werden, verschiedene Vorgehensweisen verglichen, sowie Frühwarnsysteme für die Effizienz der Lead-Generierung eingeführt werden.

Mögliche Teil-Kennzahlen sind beispielsweise Anzahl Kontakt/Besuche pro Zeiteinheit/Mitarbeiter/Partner oder Pro-Kopf-Umsätze. Sie geben Auskunft über die Besuchs- und Kontakthäufigkeit der Vertriebsmitarbeiter. Lassen Vergleiche mit anderen Team-Mitgliedern zu und erlaubt so, Anhaltspunkte für den Vertriebserfolg abzuleiten. Teilkennzahl Nr. 2 sind die Interessenten. Sie definiert das Verhältnis der Zahl der zu bearbeitenden Leads, die eine hohe Abschlusswahrscheinlichkeit haben und dient zur Steuerung der Akquise-Maßnahmen. Die Kennzahl wird regelmäßig erhoben und zur mit der prozentualen Auftragswahrscheinlichkeit sowie der Gesamtzahl der bearbeiteten Leads in Bezug gesetzt.

Wie sind die Interessenten auf das Produkt aufmerksam geworden? Damit beschäftigt sich die 3. Teilkennzahl. Mit ihr lässt sich die Wirksamkeit der Marketinginstrumente erkennen und steuern. Interessant ist dies vor allem für den Multichannel-Vertrieb. Um die Daten zu erfassen, bietet sich eine Kundenbefragung an, in der verschiedenen Optionen abgefragt werden.

Der Forecast ist die 4. Teilkennzahl bei der Lead-Generierung. Sie dient dazu, Abweichungen vom Soll frühzeitig zu erkennen und entsprechende

Maßnahmen einzuleiten. Beispielsweise, indem Kosten-, Umsatz- und Investitionsbudgets angepasst werden. Interessant sind die Teilkennzahlen im Vertrieb vor allem dann, wenn sie im Gesamtzusammenhang betrachtet werden. Eine Teilkennzahl alleine bringt nur wenig Erkenntnisgewinn.

PRAXISWISSEN:

„Vertriebskennzahl Lead-Generierung" in der Führung nutzen

Auch aus der Vertriebskennzahl Lead-Generierung lassen sich quantitative und qualitative Ziele für die Mitarbeiterführung ableiten.

Quantitative Ziele wären beispielsweise:

- Anzahl der Kontakte/Besuche/Mitarbeiter im definierten Zeitraum um XX Prozent erhöhen

- Zahl der Besuche pro Mitarbeiter bei Stammkunden im definierten Zeitraum um XX Prozent erhöhen

- Anzahl der Leads mit hoher Abschlusswahrscheinlichkeit um XX Prozent im definierten Zeitraum erhöhen

Qualitative Ziele wären beispielsweise:

- Durchführung einer Kundenbefragung um herauszufinden, wie Kunden auf das Unternehmen aufmerksam wurden

- Prüfung der Effizienz der Marketing-Maßnahmen

- Einbindung aller Mitarbeiter

- Analyse der eingesetzten Kommunikationskanäle hinsichtlich ihrer Relevanz

- Entwicklung neuer Marketingmaßnahmen unter Berücksichtigung neuer Kanäle

- Optimierung der bestehenden Marketingmaßnahmen

„Vertriebskennzahlen Angebote"

Auch im Bereich Angebot gibt es verschiedene Teilkennzahlen. Hier ist vor allem die Frage interessant, in welcher Phase potenzielle Kunden aus welchen Branchen Angebote erhalten. Über welche Kanäle sie angesprochen wurden. Wie oft sie bis zum Angebot kontaktiert wurden. Anhand dieser Kennzahlen lässt sich die Marktakzeptanz von Preis und Nutzen ebenso analysieren wie der Erfolg der Vertriebsstrategie und der Maßnahmen. Sie kann aber auch der Mitarbeiterführung dienen. Beispielsweise, indem Sie als Ziel vereinbaren, dass die Zahl der Kontaktaufnahmen bis zur Angebotserstellung in einem bestimmten Zeitraum zu reduzieren ist.

Ergänzt wird sie mit der Teilkennzahl Angebotserfolgsquote. Sie definiert das Verhältnis zwischen der Zahl der abgegebenen Angebote mit der Zahl der abgeschlossenen Aufträge. Sie kann sowohl auf das gesamte Team als auch für einzelne Mitarbeiter erhoben werden. Da der Erfolg eines Angebots von vielen Facetten abhängig ist, sagt diese Kennzahl allein wenig aus. Sie sollte vielmehr als Einstieg in die weitere Analyse verstanden werden. Ergänzt werden kann sie beispielsweise durch die Kennzahl Auftragsverlustanalyse, mit der die Gründe für abgelehnte Aufträge erfasst werden. Diese geben Hinweise darauf, wie die Vertriebsstrategie optimiert werden kann.

PRAXISWISSEN:

„Vertriebskennzahl Angebot" in der Führung nutzen

Aus der Vertriebskennzahl Angebot und den entsprechenden Teilkennzahlen lassen sich beispielsweise folgende Zielvereinbarungen für die Mitarbeiterführung ableiten:

- Reduzierung der Kontakte bis zur Angebotserstellung um X

- Erhöhung der Zahl der Kunden, die nach der ersten Kontaktaufnahme ein Angebot erhalten, um X Prozent

- Erhöhung der Abschlussquote zwei Wochen nach Angebotsabgabe um XX Prozent

Qualitative Ziele wären beispielsweise:

- Analyse der Vertriebskanäle, die eine besonders hohe Angebotsquote zur Folge haben

- Analyse der Vertriebskanäle, die eine besonders hohe Auftragsverlustquote zur Verfügung haben

- Optimierung der Kundenansprache, um höhere Auftragsquoten zu erhalten

- Optimierung der Verkaufsunterlagen

- Verbesserung der Berufsvokabeln und Sprachmuster im Verkauf

Reporting: So controllen Sie die faktischen Kennzahlen Ihrer Vertriebsmitarbeiter auf Basis des Berichtswesens

Angenommen, Sie werden künftig als neu aufgestiegene Vertriebsführungskraft Ihres eigenen Unternehmens ein kleines Vertriebsteam von – sagen wir – zehn Mitarbeitern führen. Dann benötigen Sie in erster Linie ein gutes Berichtswesen, ein Reporting, das Ihnen jederzeit Auskunft gibt über:

- Wann ist welcher Vertriebsmitarbeiter wo/bei welchem Kunden?

- Welche Vertriebsziele verfolgt er dort/in welcher Phase des Vertriebsprozesses ist er hier?

- Welches Ergebnis ist eingetreten?

- Wie steht dieses Ergebnis im Verhältnis zum erwarteten Ergebnis/ zum vereinbarten Vertriebsziel.

Dabei ist Ihr Mitarbeiter natürlich nicht auf gut Glück unterwegs – er braucht einen genauen Plan, wen er wann mit welchem Ziel besuchen wird. Bewährt hat sich dabei die Wochenplanung. Diese wird in der Regel am Wochenende – meist samstags oder sonntags – von den Verkäufern erstellt. So können sie am Montag per Pkw, Zug oder Flugzeug zum ersten Termin durchstarten und verlieren keine Zeit.

Sie als Führungskraft geben dabei vor, wie viele Telefongespräche und persönliche Gespräche Sie von Ihrem Mitarbeiter in einer Woche erwarten. Auch die Frequenz der Kontaktaufnahme zu potenziellen und bestehenden Kunden sollte zwischen Ihnen und Ihrem Mitarbeiter vereinbart werden.

Festgelegt wird dies u.a. in den Jahresgesprächen. Bei neuen Mitarbeitern zudem in den Zielvereinbarungsgesprächen bei der Einstellung bzw. in und/oder nach der Probezeit.

Dabei wird auch geklärt, wie und in welchen Abständen Sie die Reportings erhalten. Je nach Ihrer persönlichen Arbeitsweise können Sie beispielsweise Ihre Mitarbeiter auffordern, Tagesreportings morgens bis 8.00 Uhr per Mail zur Verfügung zu stellen. Oder Sie benennen intern jemanden, der die Reportings bis 9.00 Uhr für Sie auswertet und die Inhalte zusammenfasst, und Sie schauen sich stichprobeweise einzelne Reportings an – vor allem die der neuen Mitarbeiter. Bei anderen Mitarbeitern reichen vielleicht Wochen- oder Monatsreportings aus.

In der Praxis haben sich dabei abhängig von der Mitarbeiterzahl – folgende Ansätze bewährt:

Führungscontrolling

3 - 8 Mitarbeiter	mehr als 15 Mitarbeiter
ein bis zwei Vertriebskennzahlen für gutes Vertriebscontrolling	mehrere Vertriebskennzahlen erforderlich
formloses Berichtswesen ausreichend	systematisches Berichtswesen erforderlich
wöchentliche Statusbesprechungen	monatliche Statusbesprechungen
persönliche Führung durch Besprechungen	mehr Distanz, häufiger Telefonate
individuelle Anleitung und regelmäßige Entwicklungsbegleitung von Mitarbeitern	nur fallweise individuelle Anleitung möglich

neue Mitarbeiter mit wenig Erfahrung können durch intensive Anleitung zu guten Verkaufs-erfahrungen geführt werden	Mitarbeiter müssen aktiv Unterstützung anfordern
Aktivitäten des Teams im Detail erfassbar, es kann regelmäßig Feedback gegeben werden	Aktivitäten des Teams nur sporadisch erfassbar; regelmäßiges Feedback nur vereinzelt möglich

Übersicht erstellt in Anlehnung an Wickinghoff, Heinrich: Führung im Vertrieb; S. 211 f.

Diese Angaben sind Erfahrungswerte. Bei neuen Mitarbeitern, befristeten Verkaufsaktionen und ähnlichen Situationen sind andere Reporting-Intervalle häufig sinnvoll. Beispielsweise, um den neuen Mitarbeiter besser beobachten, seine Leistungen besser einschätzen zu können. Und sich selbst die Option offen zu halten, zeitnah eingreifen zu können. Gerade in den ersten Monaten sollten Sie deshalb auf tägliche Berichterstattung bestehen – möglichst im persönlichen Gespräch.

Die Reportings helfen auch Ihren Mitarbeitern beim täglichen oder wöchentlichen Soll/Ist-Abgleich. Werden die Ziele erreicht? Übererfüllt? Hakt es? Wenn ja: Wo? Wenn der Mitarbeiter diese Information schwarz auf weiß vor Augen hat, kann er sich selbst besser führen. Kann bei Bedarf aktiv Hilfe einfordern und gegensteuern.

Für die Reportings selbst biete ich Ihnen hier zwei Berichtsformulare aus der Praxis an, die Sie gemäß Ihrer eigenen Branche respektive Unternehmensspezifika anpassen können: Entscheiden Sie sich bei der Anwendung auf online oder offline, also Papierform. Mischformen sind ineffizient und scheitern.

Resultate

Name, Vorname:	
Verkäufer-Nummer:	
Verkaufsbereich:	
Vertragsbeginn:	
Laufende Woche	Wochen additiv

Produktivität

	Anzahl VG	Anz. Abschluss	Anz. Empf.	Umsatz
Laufende Woche				
additiv pro Monat/Jahr				

Empfehlungen

	Anzahl VG	Anz. Abschluss	Anz. Empf.	Umsatz
additiv				
davon unbearbeitet				
davon bearbeitet				
kein Termin erhalten				
durchgeführte Termine				
noch offene Termine				

Verhältniswerte
Zur Ermittlung Ihrer eigenen Effektivität und Analyse

Empfehlungen : Termine
_____ : _____
Termine : Verkaufsgespräche
_____ : _____
Verkaufsgespräche : Abschlüsse
_____ : _____

Left-side form columns (empty grid):
Lfd. Nr. | Tag | Ort | Name, Vorname | PLZ, Wohnort / Straße, Hausnummer | Telefon, Mailadresse, Homepage, Social Media, Blogs | Beruf | Sonstige Informationen | Ergebnis (€ | Einheit)

Abb: Vertriebskennzahlen: Berichtswesen: Erfassungsbogen Kunden durch Vertriebsmitarbeiter

Bericht

Anzahl VK im Team incl. eigener Person:	Name, VK-Nr.: _____ : _____		
Kennziffer MA x Monat additiv:	Verkaufsleiter:	seit:	laufende Woche:

Verkaufen

Lfd. Nr.:	Dat.	Kunde	Kenn-zahl	Ergebnis €	Einheit

Begleiten im VK/Teamverkauf

Lfd. Nr.:	Dat.	Mitarbeiter	Kunde	Ergebnis €	Einheit

Rekrutierungen/Einstellungsgespräche

Lfd. Nr.:	Dat.	Name	Ergebnis	Bemerkungen

Ausbildung/Training

Lfd. Nr.:	Dat.	Teilnehmer	Thematik	Dauer

Eigene Produktivität

	Anzahl VG	Anzahl Abschlüsse	Anzahl Empfehlungen
Lfd. Woche			
additiv in Periode			

Gruppe Produktivität

	Anzahl VG	Anzahl Abschlüsse	Anzahl Empfehlungen
Lfd. Woche			
additiv in Periode			

durchschnittlicher Pro-Kopf-Umsatz	für die lfd. Woche: _____ : _____ = _____ €/Woche	additiv in Prod. Hj.: _____ : _____ = _____ €/Monat

Verhältniswerte Gruppe (lfd. Woche)

Empfehlungen : Termine	_____ : _____ =	
Termine : VG	_____ : _____ =	
VG : Abschlüsse	_____ : _____ =	

Verhältniswerte Team (additiv Periode)

Empfehlungen : Termine	_____ : _____ =	
Termine : VG	_____ : _____ =	
VG : Abschlüsse	_____ : _____ =	

Abb: Vertriebskennzahlen: Überblicksbogen

Der Vertriebs-Forecast

Selbstverständlich nutzen Sie die von Ihnen erhobenen respektive berechneten Vertriebskennzahlen für das Forecasting, also die „realistische Umsatzerwartungsrechnung" für bestimmte, zukünftige Zeiträume. Immer wieder ist leider festzustellen, dass das Forecasting zu „optimistisch" betrieben wird. Und leider macht hier positives Denken noch keinen Umsatz – sondern hebelt im Gegensatz einen wichtigen Warnmechanismus aus, so dass „am Ende des Umsatzes oft noch zu viel Monat übrig ist". Bis nämlich die nächsten Umsätze fließen.

Worin liegen die Fehler begründet? Oft schlicht in einer zu geringen Datenmenge, aus der die Quotierungen berechnet werden. Beispiel: Ist die Zahl der Key Account-Sales noch recht klein, ist die Berechnung des durchschnittlichen Sales Cycles, also des Zeitraums zwischen Erstkontakt und Abschluss respektive Zahlungseingang – und dieser kann sich bei hochvolumigen oder erklärungsbedürftigen Produkten oder Dienstleistung über sehr lange Zeiträume hinziehen – womöglich nicht ganz zutreffend. Oder die Wahrscheinlichkeitsquoten für den Abschluss sind noch nicht konsolidiert. Oder durchschnittliche Quoten für Zahlungsausfälle nicht bedacht.

Hilfreich ist es, die Umsatzplanung prozentual zu gewichten. Also nicht nur den erwarteten Umsatz einzugeben, sondern auch – aus dem Bauchgefühl heraus – anzugeben, wie wahrscheinlich dieser Umsatz wirklich ist.

Das CRM-System hilft zudem dabei, potenzielle Bedarfe bei aktiven und sogenannten schlafenden Kunden aufzudecken. Letztere sind Kunden, mit denen Sie länger als zwei Jahre kein Geschäft gemacht haben. Auch Kunden mit Potenzial, die bislang noch keinen Umsatz mit Ihnen gemacht haben, können in das Forecasting einfließen.

Tipp: Für das Forecasting pflegen Sie im CRM alle offenen Angebote mit den zu erwartenden Umsätzen, mit Deckungsbeiträgen und Zielfristen ein. Für die Berechnung des Erwartungswertes setzen Sie die Auftragswahrscheinlichkeiten („Wahrscheinlichkeit Auftrag XY mal Umsatzsumme/Deckungsbeitrag Angebot XY") immer etwas konservativer an, als die aktuelle „Vertriebskennzahlen Trefferquote" dies erlaubt. Meine Erfahrung: Gesteigertes Risikobewusstsein führt zur effizienteren Zielerreichung.

Auch für die Abschlussphase des Vertriebsprozesses – die Auftragsvergabe respektive der Kauf – gibt es entsprechende Vertriebskennzahlen und Quoten. Sie geben über die individuelle Verkaufsleistung Ihrer Vertriebsmitarbeiter hinaus Auskunft über die Marktakzeptanz der Produkte und ihrer Konditionen oder auch über Marktanteilsentwicklungen sowie Marktausschöpfungen. Die Detailbetrachtungen berücksichtigen unterschiedliche Produktgruppen oder Produkte mit unterschiedlicher Marktreife oder Dauer am Markt („Produktalterungszyklen"). Aus diesen Erkenntnissen wiederum werden Maßnahmen der Vertriebssteuerung, für Marketing, Produktentwicklung etc. abgeleitet. Der Kreis schließt sich also wieder.

Branchen-Benchmarks: Vertriebskennzahlen B2B und B2C

Soweit die übergreifende Betrachtung. Was heißt das aber nun für Sie konkret? Wie können Sie die Vertriebskennzahlen für Ihre Vertriebssteuerung, für Ihre Mitarbeiterführung optimal nutzen? Woran sollten Sie ausrichten?

Das ist eine gute Frage: es ist die Frage nach den Benchmarks. Wie aber kommen Sie zu Benchmarks?

HINTERGRUNDWISSEN:

So finden Sie Benchmarks für Ihre Vertriebskennzahlen

1. Interne Benchmarks deduzieren. Heißt nichts anderes, als dass Sie die jeweils besten Werte rsp. Quoten, die bezüglich der Sie interessierenden Vertriebskennzahlen in Ihrem Unternehmen jemals erzielt wurden, als Zielgröße ansetzen.

2. Aktualisieren: Bestehende/bekannte Benchmarks sind in regelmäßigen Abständen – etwa jährlich – zu erheben und zu aktualisieren – nur so können Sie auch Markttrends Rechnung tragen.

3. Interne Benchmarks indizieren. Auch nur ein schöner Begriff dafür, dass Sie in der Vertriebsführung Wunschquoten oder – Werte festlegen.

4. **Externe Benchmarks nutzen:** Wenig ist so interessant wie die Benchmarks der Wettbewerber. Klingt nicht schön, ist aber so. Und da soll ja mal nicht so getan werden, als ob wechselnde rsp. neue Vertriebsmitarbeiter nun alles vergessen hätten, was sie bisher gelernt haben…

5. **Branchenbenchmarks:** In vielen Branchen geben Verbände oder Forschungsinstitute Kompendien mit umfangreichen Datensammlungen zu Märkten, Umsatzentwicklungen, Vertriebsvolumina, Auftragswahrscheinlichkeiten, Wettbewerbssituationen und und und heraus. Bei vielen Branchenveranstaltungen und Kongressen werden auch konkrete durchschnittliche Quoten und Benchmarks erörtert.

Auf Dauer werden Sie Benchmarks aus Ihrem Erfahrungswissen schöpfen. Denn klar ist: Was nützt die schönste Quotenberechnung, wenn Sie sie nicht in Relation zum Bestmöglichen setzen können.

Der Funnel: Trichter von Leadgenerierung bis Kaufabschluss

Ein Beispiel: Schauen wir uns einmal an, wie die Retail Lead-Gewinnung in der Finanzbranche aussieht: Von zehn verabredeten Erstgesprächen finden nicht mehr als höchstens fünf statt. Der Rest wird von den Kunden abgesagt. Manchmal, und nur wenn sie freundlich sind. Da es hier um ein sehr sensibles Thema geht – Geldanlage oder auch Vorsorge – steht im Mittelpunkt zunächst die Beratung. Haben Sie den Kunden soweit überzeugt, dass er zumindest über Ihr Angebot nachdenken möchte, kommt es zum Zweitgespräch. Von zehn Erstgesprächen kommt es in 50 Prozent zu Zweitgesprächen. Von diesen Interessenten unterzeichnen etwa 50 bis 70 Prozent die Verträge.

Anders ausgedrückt: Sie brauchen mindestens 20 Terminvereinbarungen, um mit zehn potenziellen Kunden persönlich zu sprechen, von denen höchstens fünf mit einem Zweitgespräch einverstanden sind. Von diesen fünf Zweitgesprächen schließen dann etwa zwei den Vertrag mit Ihnen ab. Macht eine Bruttoquote von 20:2, oder einfacher 10:1.

Das ist auch etwa die Transaktionsquote im Einzelhandel. Von 100 Besuchern kaufen je nach Produkt etwa 10. Die Quote verbessert sich, wenn die Kunden herzlich begrüßt und durch ein Gespräch im Laden gehalten werden. Ikea hat eine Mahlzeit zum Mittag dafür: Kötbullar. Frisöre wissen, dass Kunden die Produkte, die sie während eines Haarschnitts in die Hand nehmen, fast immer auch kaufen! Das habe ich auch bei mir selbst erlebt. Ist aber lange her, gebe ich zu!

Ähnlich geht es Unternehmen, die Messen für die B2B-Akquise nutzen. Stellen Sie sich vor, Sie führen auf einer internationalen Leitmesse mit Ihrem Team insgesamt 120 Gespräche. Diese Kontakte werden gepflegt und regelmäßig kontaktiert. Bei 35 dieser Ansprechpartner haben Sie im Laufe der Zeit so viel Interesse erzeugt, dass Ihr Angebot wahrgenommen wird. 14 Kontakte beschäftigen sogar sich intensiver mit Ihrem Angebot, so dass es bei 8 Ansprechpartnern zu konkreten Verhandlungen kommt. Diese führen bei 5 Kontakten zu einer positiven Entscheidung. Oder nehmen wir die Trainingsbranche. Das ist B2B Business und wir selbst erleben es so, dass in den Köpfen der NOCHNICHT-Kunden, das Thema Trainings als „nice to have" gesehen wird. Erst innerhalb einer kontinuierlichen Zusammenarbeit entwickelt sich daraus ein „need to have", da klar und messbar wird, wie gute Leute ihre Zahlen verbessern. Hier erleben wir bei 10 losen, eher kalten Anfragen, dass es am Ende zu einem Auftrag kommt. Die Ausnahmen sind Buchungen aufgrund von Vorträgen zu einem meiner drei Themen im Vertrieb. Im besten Fall kommt es zu einfachen Folgebuchungen. Dann ist die Quote bei 50 %, denn es passt bei uns dann oft der Termin nicht, oder wir scheitern auch schon mal am Preis. Damit müssen wir leben. Und das tun wir gut.

Wichtige eigene Vertriebskennzahl: Wie sieht der Sales Funnel Ihres Vertriebs aus?

Dieser Sales-Trichter bildet wichtige Vertriebskennzahlen für Sie ab. Denn Sie setzen damit das Marktpotenzial für Ihre Produkte oder Dienstleistungen ins Verhältnis mit den Stufen Ihres Vertriebsprozesses von Kaltakquise, Terminvereinbarung, Erstbesuch, Zweitbesucht, Angebot, Ange-

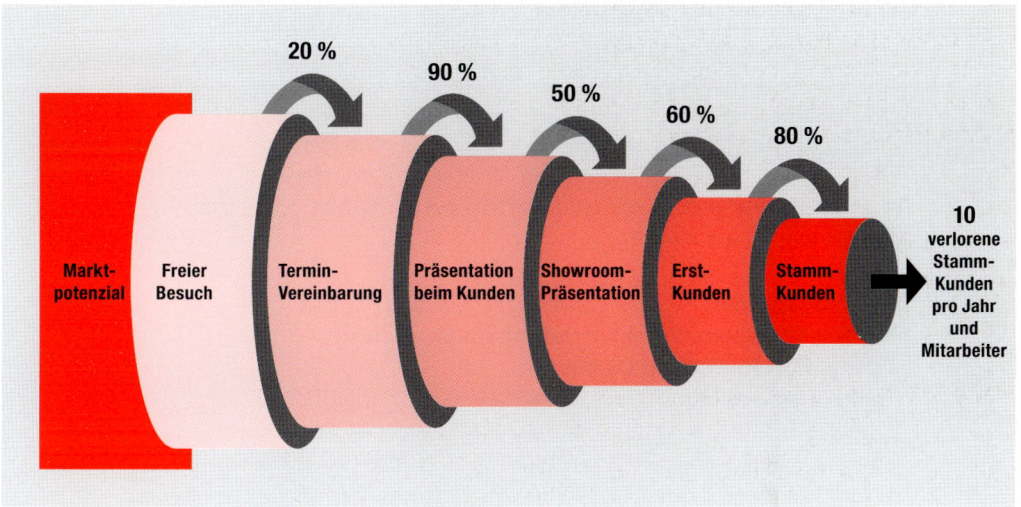

Abb: Sales Funnel am Beispiel des Unternehmens Bogner (Quelle: nach: Belz: Stark im Vertrieb, S. 101)

botsnachhaken, Abschluss, Neukunde zu Stammkunde. Oder wie auch immer Sie Ihren Vertriebsprozess genau strukturiert haben.

Tipp: Der Sales Funnel dient für Sie nicht nur dem übersichtlichen Controlling des Gesamt-Prozesses, sondern auch der Leistungen der jeweils einzelnen Vertriebsmitarbeiterinnen und Vertriebsmitarbeiter. Und an jeder Übergangsstelle des Funnels lassen sich im Mitarbeitergespräch konkrete Verbesserungen rsp. Zielvereinbarungen besprechen und festhalten!

Sales Funnel: Ausgangspunkt für Verbesserungen und Wissenstransfer

Halten Sie Ihre Zahlen daneben. Wie viele Terminvereinbarungen sind nötig, um mit zehn potenziellen Kunden zu sprechen? Wie viele von Ihnen schließen anschließend bei Ihnen ab? Brechen Sie die Zahlen auf die einzelnen Mitarbeiter runter. Weicht jemand – nach oben oder unten – ab? Und wenn ja: Woran liegt das? Nutzen Sie das positive Beispiel als Best Practice. Fordern Sie Ihren Mitarbeiter auf, seinem Team das Erfolgsgeheimnis mitzuteilen. Wissenstransfer zu betreiben.

Weicht jemand nach unten ab, sollten Sie gemeinsam mit diesem Mitarbeiter die Ursachen ergründen. Liegt es am Vertriebsgebiet? Am Potenzial? An der Vorgehensweise des Mitarbeiters? Telefoniert er zu wenig, um Termine zu bekommen? Haben Sie den oder die Gründe gefunden, vereinbaren Sie mit ihm entsprechende Ziele. Fragen Sie zwischendurch immer wieder nach der Entwicklung. Wird er das Ziel erreichen können? Wird er Schwierigkeiten damit haben? Wenn ja: Warum? Und: Wie können Sie ihn unterstützen?

Praxisbeispiele:
Ausgewählte Vertriebskennzahlen im Vergleich –
Conversion Rate im Einzelhandel
Ganz anders sieht es im Einzelhandel aus. Einer der großen Vorteile eines Ladengeschäftes gegenüber dem Online-Handel ist das emotionale Erlebnis beim Kauf. Das Gefühl, sich selbst zu belohnen. Sich etwas Gutes zu tun. Hier spielt Marketing eine große Rolle. Anders als Online-Shops stehen Einzelhändlern viele Möglichkeiten zur Verfügung, das Einkaufserlebnis emotional zu gestalten: Mit Farben. Dekoration. Dem Ladenbau als solches. Licht. Musik. Mit Düften. Und der persönlichen Kundenansprache. Große Marken nutzen die Ansprache mit allen Sinnen. Gestalten ihre Marke, den Kauf ihrer Produkte als emotionales Markenerlebnis. Hilfiger macht dies. Boss und Apple sowieso. Nespresso und Suit Suply ebenso. Sie locken allesamt damit ein bestimmtes Publikum gezielt an.

Aber auch Ketten sind Marken, sind Anbieter, die mit unterschiedlichen Strategien um Kunden buhlen. Und dies mit unterschiedlichem Erfolg. Dabei hat jede Kette ihre eigene Strategie.

Schauen wir genauer hin – betrachten wir beispielhaft drei Anbieter. Alle drei nutzen als Vertriebskanal Ladengeschäfte. Dort werden die Produkte mal mehr, mal weniger attraktiv angeboten. Die erste Hemmschwelle zum Kauf liegt jedoch in einer viel früheren Phase: Um zu kaufen, muss der Kunde das Geschäft zunächst einmal betreten.

Ob er das macht, hängt von verschiedenen Ursachen ab. Ein Teil davon fällt unter das Stichwort Potenzialanalyse. Dazu gehört die Lage des Shops und damit auch, die Zahl der potenziellen Laufkundschaft. Die Frequenz, mit der die angebotenen Waren in der Regel eingekauft werden, und einiges mehr.

Achten wir zunächst auf die Lage: Beispiel 1 – Fressnapf – bevorzugt Standorte in Gewerbegebieten oder auf „der grünen Wiese". Gegenden ohne Laufkundschaft. Wer hier einkaufen möchte, fährt gezielt zur nächsten Filiale. Und kauft: 85 Prozent der Besucher, die den Tierfutter-Shop aufsuchen, verlassen ihn nicht ohne Ware. Weil sie einen konkreten Bedarf haben, den sie dort decken möchten. Und deshalb gezielt ins Gewerbegebiet fahren. Sie kaufen gezielt ein. Dies belegt die Einkaufsdauer von durchschnittlich sieben Minuten. Sie kennen das Konzept und schauen links und rechts noch nach einem Extra für ihren tierischen Liebling. Zahlen dann zügig und fahren wieder. Dabei geben die Kunden – die zu 90 Prozent Frauen sind – durchschnittlich 19 Euro pro Besuch aus.

Auch die Märkte des Elektronikhandels MediaMarkt liegen eher am Stadtrand und sprechen damit Kunden an, die den Weg bewusst in Kauf nehmen. Eher Stammkunden. Parkplätze sind hier kein Thema. Die Conversion Rate – also die Anzahl der Interessenten, die zu Käufern werden – liegt hier brutto immerhin noch bei 44 Prozent.

Woran liegt das? An der Lage? Auch – aber nicht nur. An dem Einkaufserlebnis? Vergleichen wir die Conversion Rate mit der eines Wettbewerbers, der ein sehr ähnliches Angebot hat: Saturn. Diese Handelskette bevorzugt Ladengeschäfte in der Stadtmitte (beide Ketten gehören zur selben Stammmarke) Bewusst, denn so profitiert sie von der Laufkundschaft. Wenn man in den Laden kommt, scheint das Konzept aufzugehen: Die Abteilungen, die Gänge sind voll. Aber: Nur 37 Prozent derjenigen, die hier stehen und schauen, die in CDs reinhören, kaufen auch etwas ein.

Daraus jetzt abzuleiten, dass Geschäfte in Gewerbegebieten Zukunftschancen haben, während Shops in der Innenstadt aussterben, wäre fatal. Es wird schlicht eine breitere Schicht mit mehr Produkten angesprochen, die für viele Menschen interessant ist. Wie viele Menschen haben ein Fernsehgerät? Und wie viele einen Hund oder eine Katze?

Zum anderen ist die Conversion Rate nicht allein von der Lage des Geschäftes abhängig. Das zeigt das Beispiel eines renommierten Bekleidungshauses. Auch hier, bei P&C werden Ladengeschäfte in der Stadtmitte bevorzugt, um von der Laufkundschaft zu profitieren. Wie viele der Interessenten zu Käufern werden, hängt dabei unter anderem vom Verhalten der Verkäufer ab. Analysen haben ergeben, dass von 100 Kunden,

Kapitelfazit

**Dies ist für mich aus diesem Kapitel besonders wichtig –
um diese Punkte werde ich mich noch genauer kümmern:**

1) _____

2) _____

3) _____

4) _____

5) _____

    _____

    _____

    _____

die keinen Kontakt zu einem Mitarbeiter haben, nur zehn etwas kaufen. Findet eine persönliche Begrüßung statt, steigt die Zahl auf 25 Käufer. Und die geht noch einmal hoch, wenn der Verkäufer den Kunden berät: In diesem Fall werden von 100 Interessenten 40 bis 50 zu Kunden. Und die Zusatzverkäufe sind das Cross/up selling der Branche!

Ein wichtiger Faktor ist der persönliche Bezug zum Kunden. Die Beratung. Die Emotion, die entsteht, wenn Atmosphäre und Ansprache stimmen. Die Hemmschwelle, einfach zu gehen, ist größer. Zu Fressnapf gehe ich mit einem Einkaufszettel, den ich abarbeite. Das ist schlichter Discount. Da mich kaum jemand anspricht, mich selten auf neue Produkte aufmerksam macht, generiert das Unternehmen auf der Fläche kaum zusätzliches Geschäft. Das Thema hier sind Zusatzverkäufe, neue Produktwege, wie der Abschluss einer Tierhalterhaftpflichtversicherung, oder gar die Möglichkeit, gleich den Hund, oder die Katze selbst zu erwerben, oder auch das Anbieten von Reisen für Familien mit Tieren! Noch Fragen?

Anders bei P&C: Die Verkäufer verstehen sich als Berater. Sprechen die Kunden an. Und erhöhen damit quasi das „Schuldkonto" der Kunden. Erhöhen die Bereitschaft, etwas zu kaufen. Das Gesetz der Reziprozität funktioniert immer gut. Wenn – und das ist die Voraussetzung – sich der Kunde gut beraten fühlt. Obwohl daran immer weiter gearbeitet werden kann und muss! Und das gerade auch vor dem Hintergrund, dass der Kunde sein Verhalten verändert und fast jeden Kauf im Netz gegencheckt. Auch der Einzelhandel wird hybrid!

In dieser Veränderung liegt die Chance gerade auch, wenn Führungskräfte in der Veränderung führen müssen. Ängste überwinden und sich dem neuen Kunden 3.0 proaktiv stellen. Das ist immer auch ein Trainingsthema für uns.

Tipps:

**Branchenreports und Branchenbenchmarks –
praktisch für die Vertriebsführung**

Wie bereits geschrieben, geben viele Verbände und Institute
nützliche Hilfsmittel heraus, die Sie in der Vertriebsleitung direkt
einsetzen können. Beispiele:

- Dvpi Deutscher Vertriebs Performance Index: Trends und
  Performance im Vertrieb der ITK-Branche. Wiederkehrende
  Untersuchung aus Sicht der Vertriebsbeauftragten.

- DVS-Vertriebsmonitor: Berichte der Online-Umfrage der
  DVS-Deutsche Verkaufsleiter-Schule

- Der Bundesverband der Deutschen Volks- und Raiffeisenbanken
  veröffentlicht halbjährlich Branchenberichte für die 100 wichtigsten
  Wirtschaftszweige.

- Auch die Sparkassen erstellen aktualisierte Branchenreports,
  die frei zugänglich sind.

- Die Branchendatenbank „Mediapilot" des Axel Springer Verlags

- Handelskammern, Handwerkskammern, Institut für
  Handelsforschung

- Erfa-Gruppen des Handels. In diesen Erfahrungsgruppen tauschen sich Unternehmen, die natürlich nicht in einem direkten
  Wettbewerbsverhältnis stehen, aber über ähnliche Strukturen
  verfügen, über Kennzahlen und Potenzialentwicklungen aus.

Kapitelfazit

**Dies ist für mich aus diesem Kapitel besonders wichtig –
um diese Punkte werde ich mich noch genauer kümmern:**

1) _____

2) _____

3) _____

4) _____

5) _____

_____

_____

_____

KAPITEL 6

So beherrschen Sie die „großen Fünf": Führungsgespräche

Ihr Check auf einen Blick

WORUM es in diesem Kapitel geht

WAS ist in diesem Aufgabenbereich zu tun?	Führung bedeutet in erster Linie: Kommunikation. Erfolgreiche Führung bedeutet demnach: erfolgreiche Kommunikation. Gerade da, wo es auch mal schwierig wird: in den (Standard-)Gesprächen zwischen Ihnen als Vertriebsleiter und dem Vertriebsmitarbeiter oder der Vertriebsmitarbeiterin. Kommunikation ist dann erfolgreich, wenn Menschen im besprochenen Sinn handeln und zu Resultaten kommen. Es gibt fünf wichtige Mitarbeiter- respektive Führungsgespräche, die Sie beherrschen müssen.
WARUM ist es zu tun?	Wie Sie sich in den wichtigen Führungsgesprächen gegenüber Ihren Mitarbeitern zeigen, sagt mehr über Ihre Kompetenz und echte Autorität als Vertriebsführungskraft aus, als alles andere. Hier geht es nicht nur darum, dass Sie die Führungsgespräche beherrschen, weil sie einfach in den Führungsprozess gehören, sondern auch, Zielorientierung, Motivation, Engagement auszulösen – sogar, wenn es zur Trennung kommt.
WIE konkret ist es zu tun?	1) Sie lernen hier – ergänzend zur Kategorie der Rekrutierungsgespräche, die wir bereits in Kapitel 1 besprochen haben – folgende Führungsgespräche im Einzelnen kennen: • Mitarbeitergespräche • Lob-/Anerkennungsgespräche • Kritikgespräche • Trennungsgespräche 2) Sie nutzen für alle fünf wesentlichen Gesprächsformen Checklisten und legen eigene Mitschriften an 3) Sie nutzen die Mitschriften, um bei den regelmäßigen Mitarbeiter- und Zielvereinbarungsgesprächen in der Onboardingphase und im weiteren Führungsprozess objektive Grundlagen zur Mitarbeiterentwicklung und gleichzeitig zur Erreichung der Vertriebsziele zu haben.

Inspiration und Motivation sind wichtig für Bestleistungen. Doch damit ein Mitarbeiter die in ihn gesteckten Erwartungen überhaupt erfüllen kann, muss er wissen, was konkret Sie von ihm erwarten. Er braucht Ihr Feedback, um einschätzen zu können, ob Sie mit seinen Leistungen zufrieden sind. In welchen Momenten Sie mehr erwartet haben. Wo er etwas – für das Team, das Unternehmen oder auch für sich selbst – verbessern oder weiterentwickeln sollte oder könnte.

Die Herausforderung: Nicht jeder von uns kann mit Kritik, mit Erwartungshaltungen anderer umgehen. Mitarbeitergespräche erfordern deshalb Sensibilität und Übung im Umgang mit verschiedenen Persönlichkeiten. Aber auch Durchsetzungskraft und die Fähigkeit (kritische) Gespräche zielsicher und ergebnisorientiert zu führen. Erwartungen klar zu formulieren. Kritik ebenso wie Lob und Anerkennung zu begründen.

Transparenz – gerade auch in der Führung

Mitarbeiter brauchen Orientierung, Sie müssen wissen, was von ihnen erwartet wird – und woran die erbrachte Leistung gemessen wird. Dies erfordert Transparenz. Ein klares Führungsverhalten ohne Widersprüche. Nachvollziehbare Bewertungsgrundsätze statt Tageslaune. Wenn Mitarbeiter für gleiche Leistungen mal gelobt, mal kritisiert werden, verlieren Sie den Respekt. Und Ihr Team die Motivation.

Genau das passiert aber, wenn Sie unvorbereitet in Führungsgespräche gehen: Sie entscheiden aus dem Bauch heraus. Weil Ihnen Hintergrundinformationen nicht präsent sind. Sie sich nicht mehr im Detail erinnern, was Sie mit dem Mitarbeiter vereinbart hatten. Sich Ihre Erwartungshaltung im Laufe eines Projektes geändert hat – Sie dies aber nicht kommuniziert haben und nun nicht die gewünschten Umsatzzahlen vor sich haben. Es gibt zahlreiche Gründe dafür, weshalb ein Mitarbeitergespräch aus dem Ruder laufen kann. Und gute Wege, dies zu vermeiden. Wichtig ist dabei vor allem die Vorbereitung.

Für Sie bedeutet das: Stehen in Ihrem Unternehmen, Ihrer Abteilung Änderungen an, die den Arbeitsplatz Ihrer Mitarbeiter betreffen, müssen diese rechtzeitig darüber informiert werden. Dies gilt auch, wenn sich Aufgaben ändern, Zuständigkeiten neu sortiert werden, der Standort verlagert wird oder Entlassungen anstehen.

Wie ein solches Gespräch verläuft, hängt vor allem von Ihnen ab: Als Führungskraft haben Sie die Fäden in der Hand. Leiten das Gespräch. Sorgen dafür, dass es fair bleibt und sachlich geführt wird – auch wenn innerlich die Emotionen hochkochen. Als Führungskraft ist es Ihre Aufgabe, ein gutes Mood Management zu betreiben. Das heißt nicht, dass Sie sich keine Gefühle anmerken lassen dürfen – im Gegenteil macht Sie das menschlich und nahbar –, sondern dass Sie es schaffen, negative Gefühle bei sich in einer solchen Situation zu überwinden und im Gespräch mit den Mitarbeitern den Fokus auf Ruhe, Verständnis und Lösungsorientierung legen.

Dabei liegt die Tücke oft im Detail: Jeder von uns hat Formulierungen oder Tonlagen, bei denen er sich angegriffen fühlt. Jeder von uns verspürt den Impuls, sich in solchen Momenten zu rechtfertigen. Beides ist kontraproduktiv – für Sie ebenso wie für Ihren Mitarbeiter und Ihr Team.

Eine der wichtigsten Vorbereitungen zu Mitarbeitergesprächen ist deshalb die Verinnerlichung einiger kommunikativer Regeln. Mit Ihnen können Sie Missverständnisse vermeiden, Stimmungswechsel rechtzeitig bemerken und zielgerichtet durch das Gespräch führen.

So bereiten Sie Ihre Mitarbeitergespräche richtig vor

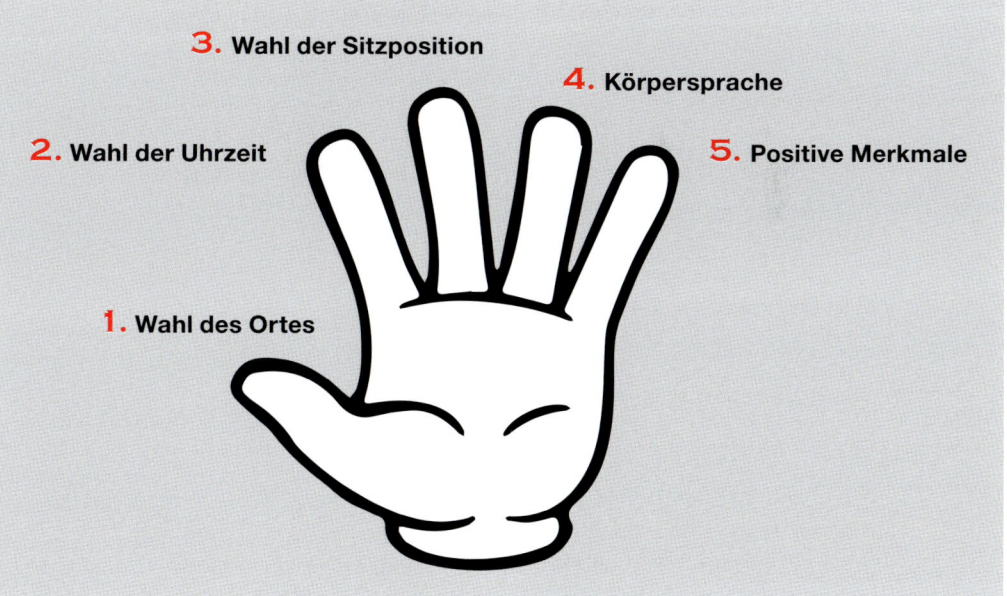

3. Wahl der Sitzposition

4. Körpersprache

2. Wahl der Uhrzeit

5. Positive Merkmale

1. Wahl des Ortes

Noch bevor ein Wort gesprochen wird, können Sie durch Ihre Vorbereitung das Gespräch und den Gesprächsverlauf entscheidend beeinflussen. Schauen wir einmal genauer hin:

1. **Wahl des Ortes:** Lassen Sie den Mitarbeiter in Ihr Büro kommen, ist die Sache klar. Das Gespräch bekommt einen offizielleren Anstrich.

   Findet das Gespräch im Büro des Mitarbeiters statt, sind Sie in „seinem Reich". Für ihn ist das ein vertrauter, sicherer Boden. Das stärkt sein Selbstbewusstsein. Alternativ können Sie sich in einem Café oder Restaurant treffen. Oder zum Sport verabreden, oder einfach spazieren gehen. Auf neutralem Boden lassen sich viele komplexe Themen einfacher besprechen – auch, weil Ihr Mitarbeiter „auf Augenhöhe" mit Ihnen sprechen kann.

2. **Wahl der Uhrzeit:** Möchten Sie Ihrem Mitarbeiter Lob oder Anerkennung aussprechen? Dann gern sofort und Sie könnten Ihr Gespräch für den Vormittag anberaumen. Ihr Mitarbeiter wird die Motivation, die er durch das Gespräch erhält, in Energie umsetzen – bei der Arbeit, aber auch nach Feierabend. Anders sieht es bei ernsten Themen wie Kritik oder gar Kündigungen aus. Nehmen Sie sich für solche Gespräche abends Zeit. So vermeiden Sie, dass Ihr Mitarbeiter die Demotivation durch den Tag zieht – und das möglicherweise intern Unruhe auslöst.

3. **Die Sitzposition:** Sie sollten auf eine 90°-Position achtgeben. In diesem Winkel können Sie sehen, welche Notizen sich Ihr Mitarbeiter zu dem Gespräch macht. Auch der Mitarbeiter sieht so Ihre Notizen besser, das schafft Vertrauen. Und es hat sich einfach bewährt, in dieser Form zu reden. Erfolgreich sind Sie am Ende, wenn der Mitarbeiter im besprochenen Sinne handelt. Und dafür braucht es erfolgreiche Kommunikation. Diese unterstützen wir, indem wir Beziehung empathischer Aufmerksamkeit – Rapport genannt – schaffen; und Rapport entsteht auf diese Weise schnell und gut!

4. **Körpersprache:** Hier geht es um das „pacing and leading", wie es im NLP (Neuro-Lingvistisches Programmieren) heißt. Wer die Körpersprache eines anderen „spiegelt" (pacing = die Schrittsteuerung), erwirbt oder verstärkt unbewusst das Vertrauen des Gesprächspartners. Hier geht es darum, schnell in eine gute Atmosphäre für das Ge-

spräch zu kommen. Das ist die Basis für erfolgreiche Kommunikation. Anmutungsqualität ist hier das Zauberwort. Ist diese Ebene, diese Basis erreicht, kann die Initiative zur Veränderung übernommen werden: die initiative Person geht in Führung respektive kann die Führung übernehmen (leading). Wer die Initiative zur Veränderung übernimmt, der führt, auch „leading" genannt. Achten Sie mal darauf. Das spielt gerade in schwierigen Situationen eine enorme Rolle. Rapport vor Intervention ist eine alte, wie sehr bewährte Regel. Beziehungsebene geht vor Sachebene. Immer.

5. Positive Merkmale: Nutzen Sie positive Merkmale. Finden Sie am Gesprächspartner fünf positive Merkmale, an der Situation als solches, etwas allgemein Positives, auch um Ihr Vertrauen auszudrücken. Bauen Sie so auch für sich selbst eine positive Gesprächsatmosphäre auf.

Diese Aspekte sollten Sie vor jedem Gespräch bedenken. Das unterstützt Sie auch dabei, sich im Vorfeld darüber klar zu werden WAS Sie Ihrem Mitarbeiter WIE und mit welchem ZIEL sagen möchten. Halten Sie diese Aspekte in einer Gliederung fest. Beantworten Sie für sich die Fragen: Wie soll Ihr Gespräch im optimalen Fall verlaufen? Wie stellen Sie sicher, dass Sie Ihr Gesprächsziel erreichen? Dazu habe ich Ihnen ein paar Tipps zusammengestellt.

TIPPS:

Für die Kommunikation in Mitarbeitergesprächen

1. Sprechen Sie Ihren Mitarbeiter aktiv an. Starten Sie durch Fragen einen Dialog.

2. Sprechen Sie selbstsicher und deutlich. Achten Sie darauf, nicht zu laut und nicht zu leise zu sein. Dies kann Ihnen als Aggressivität bzw. Schüchternheit ausgelegt werden.

3. Halten Sie Blickkontakt und wenden Sie sich Ihrem Gesprächspartner zu. Konzentrieren Sie sich auf ihn.

4. Wählen Sie eine einfache, klare Sprache. Vermeiden Sie gestelzte Sätze!

5. Verzichten Sie auf Konjunktive, formulieren Sie aktiv, im Präsenz und in einfachen, kurzen Sätzen

6. Argumentieren Sie ehrlich, sauber und mit Respekt gegenüber Ihrem Mitarbeiter. Ändern Sie Ihre Meinung nicht mitten im Gespräch.

7. Machen Sie deutlich, wann Sie von Fakten, wann von eigener Wahrnehmung sprechen

8. Wählen Sie konstruktive Formulierungen. Richten Sie die Perspektive in die Zukunft. „Gut dass wir wissen, warum wir die Ziele nicht erreicht haben. Das gibt uns die Chance, die Rahmenbedingungen anders zu gestalten …"

9. Arbeiten Sie mit Ich-Botschaften wie „Ich habe beobachtet, ...mein Eindruck ist", oder auch „Ich freue mich ...".

10. Achten Sie auf Körpersprache und Gestik. Beides wird meist unbewusst wahrgenommen und ist deshalb besonders wichtig!

Wenn Sie diese Tipps beherzigen, werden Sie die Gespräche – also Zielvereinbarungsgespräche, Mitarbeitergespräche, Lob-und Anerkennungsgespräche, Kritikgespräche sowie Verabschiedungsgespräche – meistern. Welche Besonderheiten Sie bei den einzelnen Gesprächen zudem beachten sollten, erfahren Sie auf den kommenden Seiten.

Mitarbeitergespräche

Zu den häufigsten Gesprächen gehören die Mitarbeitergespräche – auch Jahres-, Orientierungs-oder Beurteilungsgespräche genannt. Sie sind in vielen Unternehmen Standard und müssen in der Regel innerhalb einer bestimmten Frist stattgefunden haben. Inhaltlich geht es darum, die erbrachten Leistungen des Mitarbeiters gemeinsam zu betrachten und zu bewerten. Ansatzpunkte für Verbesserungspotenzial anzusprechen. Und natürlich die Erwartungen für das kommende Jahr zu formulieren. Ziele zu vereinbaren, die der Mitarbeiter erreichen soll. Und den Bonus oder das Incentive, das bei Erreichung der Ziele lockt.

Bei diesem Gespräch geht es jedoch keineswegs nur um die Unternehmensperspektive – es dient auch dazu, die Erwartungen und Ziele des Mitarbeiters zu erkunden. Gemeinsam die Ziele zu definieren. Schwierigkeiten herauszuhören und ihnen nachzugehen. Lösungen zu suchen.

Damit dies erreicht werden kann, ist eine effiziente Vorbereitung der Gespräche nötig – von Ihnen, aber auch von Ihrem Mitarbeiter. Achten Sie dabei auf folgende Punkte:

CHECKLISTE

Einladung Mitarbeiter-Gespräch

☐ Laden Sie rechtzeitig zum Termin ein. Achten Sie darauf, dass Ihr Mitarbeiter genügend Zeit für die Vorbereitung hat

☐ Listen Sie bereits in der Einladung die Themenschwerpunkte auf. Die kann der Rückblick auf das vergangene Jahr sein, die wichtigsten Zielvereinbarungen etc.

☐ Nehmen Sie dazu die Protokolle der letzten Gespräche hinzu. Was wurde verabredet? Was wurde erreicht? Wo haben Sie Ankündigungen nicht eingehalten und warum? Sind beim letzten Gespräch Themen offen geblieben?

☐ Bitten Sie Ihren Mitarbeiter in der Einladung darum, die Agenda zu ergänzen und sie Ihnen rechtzeitig zurückzuschicken.

☐ Kommunizieren Sie, wie viel Zeit Sie für das Gespräch anberaumt haben. Bieten Sie an, diesen Zeitrahmen bei Bedarf zu erweitern – sofern Ihr Mitarbeiter Bedarf sieht und diesen rechtzeitig kommuniziert.

☐ Komplexe Themen benötigen intensive Auseinandersetzung. Bitten Sie Ihren Mitarbeiter deshalb darum, wichtige Fragen vorab schriftlich zu beantworten. Hierzu gibt es Standardvorlagen

---

Mit diesem Vorgehen stellen Sie sicher, dass Sie alle relevanten Themen berücksichtigen. Dass Ihr Mitarbeiter genügend Raum bekommt, um seine Anliegen anzubringen. Und dass alle Gesprächspartner wissen, was auf sie zukommt. Das schafft Vertrauen und Sicherheit. Verhindert das mulmige Gefühl, wenn man zum Chef gerufen wird.

Vor allem aber kann sich Ihr Mitarbeiter im Vorfeld noch einmal mit seiner eigenen Leistung auseinandersetzen. Kann Argumente sammeln, sich auf (kritische) Fragen vorbereiten. Er wird nicht überrascht, läuft nicht Gefahr, sein Gesicht zu verlieren. Und er ist von Anfang an in der aktiven Rolle. Wird aufgefordert, sich und seine Vorstellungen einzubringen.

Steht die Agenda, beginnt die inhaltliche Vorbereitung des Gesprächs. Klären Sie für sich folgende Punkte:

CHECKLISTE I

Inhaltliche Vorbereitung Gespräch

☐ Welches konkrete Ziel haben Sie sich für das Gespräch gesetzt? Worüber soll beim Gesprächsabschluss Konsens bestehen?

☐ Hat Ihr Mitarbeiter alle festgelegten Ziele erreicht? Wo war er gut? Wo weniger?

☐ Welche Boni und/oder Incentives erhält er für seine Leistung? Wann kann er damit rechnen?

☐ Wofür möchten Sie Ihren Mitarbeiter loben? Und warum?

☐ Wofür möchten Sie Ihren Mitarbeiter kritisieren? Und warum?

☐ Wie beurteilen Sie sein Verhalten gegenüber Kunden, Kollegen?

☐ Welche Ziele möchten Sie mit Ihrem Mitarbeiter für die nächsten Monate vereinbaren?

☐ Welchen Handlungsspielraum benötigt er dazu? Wie weit können und wollen Sie ihn unterstützen?

☐ Bis wann sollen die Ziele erreicht sein? Welche Meilensteine müssen erreicht werden?

☐ Nach welchen Kriterien wird die Zielerreichung gemessen?

☐ Welche Incentives/Boni soll er dafür erhalten?

☐ Welche Agenda-Punkte hat Ihr Mitarbeiter ergänzt? Was müssen Sie dazu im Vorfeld wissen?

Diese inhaltliche Vorbereitung ist gleichzeitig der Fahrplan für Ihr Zielvereinbarungsgespräch, für das sich folgender Ablauf bewährt hat.

HINTERGRUND:

Ablauf eines Mitarbeitergesprächs

1. Herzlicher, offener Einstieg

Begrüßen Sie den Mitarbeiter persönlich. Bauen Sie Rapport auf. Sprechen Sie erst dann Anlass, Dauer und Ziel des Gesprächs an.

2. Mitarbeiter entwickelt sein Bild zunächst selbst!

Stellen Sie dem Mitarbeiter offene Fragen, um zu erfahren, wo er seine Stärken sieht:

„Was ist Ihnen in der vergangenen Zeit gut gelungen? Wo sehen Sie besondere Stärken? Was ist Ihnen noch wichtig?

Was können Sie verändern, verbessern? Wo sehen Sie für sich Wachstumsbereiche?"

3. Darstellung des Bildes der Führungskraft:

Betonen Sie die Punkte, in denen Sie mit dem Mitarbeiter übereinstimmen. Stellen Sie anschließend fest, wo sich die Bilder unterscheiden und begründen Sie Ihre abweichende Auffassung:

„Mir ist aufgefallen, dass …

In folgenden Punkten stimme ich Ihnen zu: …

Hier und da bin ich anderer Meinung, …

Da hatte ich einen anderen Eindruck …

Im Unterschied zu Ihnen bin ich der Ansicht …"

Achten Sie dabei auf Sachlichkeit und Belegbarkeit der Fakten. Denken Sie daran: Wer behauptet, hat die Beweispflicht! Fordern Sie den Mitarbeiter zur Stellungnahme auf. Lassen Sie ihn ausreden, hören Sie aktiv zu.

4. Planen von Verbesserungsmöglichkeiten, Ziele setzen

In dieser Phase geht es um die Ziele für die kommenden Monate:

Welche persönlichen Ziele möchten Sie sich setzen?

SMARTE Formulierung für die Ziele finden

„Was wollen Sie konkret zuerst tun?"

Die Antwort kommt nach dem Muster:„ 3 plus 1 Idee"

Das heißt im übertragenen Sinn, dass „die ersten drei" Ideen zu Verbesserungen immer vom Mitarbeiter selbst kommen sollten. Ihre erste Idee kommt dann zuletzt!

Achten Sie darauf, ob die Ziele des Mitarbeiters mit Ihren Erwartungen übereinstimmen. Hat er sich aus Ihrer Sicht zu wenig oder im Gegenteil unrealistisch viel vorgenommen, sollten Sie gegensteuern. Klären Sie im Gespräch, welche Hilfestellungen der Mitarbeiter bekommt bzw. welche Voraussetzungen erfüllt sein müssen, damit er die Ziele erfüllen kann.

5. Gesprächsende

Fassen Sie das Gesagte, vor allem die Zielvereinbarung noch einmal zusammen, Schließen Sie das Gespräch mit einem Appell.

Verabreden Sie sich neu: Wiedervorlage!

Es gibt zwischen den Jahresgesprächen immer wieder Anlässe für Mitarbeitergespräche. Sei es, um zu prüfen, ob Zeitpläne eingehalten und Meilensteine erreicht werden. Um Kurskorrekturen vorzunehmen oder wenn ein Mitarbeiter nach einer längeren Krankheit ins Unternehmen zurückkehrt. Weitere Anlässe sind beispielsweise

- Ende der Probezeit
- Änderung der Aufgaben am Arbeitsplatz
- Weiterbildungsangebote
- Beförderung

- Konflikte im Team oder mit Kunden

- Mitarbeiterbewertung

- Kündigung

Möglicherweise bittet aber auch der Mitarbeiter um ein Gespräch, weil es Konflikte im Team gibt, er eine Weiterbildung wünscht, sich über- oder unterfordert fühlt.

PRAXISTIPP:
Wunsch nach Mitarbeitergesprächen zeitnah entsprechen

Kommt ein Mitarbeiter mit dem Wunsch nach einem Gesprächstermin auf Sie zu, sollten Sie sich zeitnah mit ihm zusammensetzen. Meist drückt dann der Schuh, beispielsweise weil es Konflikte im Team gibt. Je länger diese schwelen, umso schwieriger kann später die Lösung zu finden sein. Die Ausnahme: wenn sich das Problem von selbst löst. Auch eine Möglichkeit zu führen. Das Aussitzen nenne ich die „Nullvariante". Fragen Sie Ihren Mitarbeiter im Vorfeld, worum es ihm bei dem Gespräch geht. Dies gewährleistet, dass Sie sich vorbereiten und das Gespräch leiten können.

In der Regel sind Sie der Initiator des Mitarbeitergesprächs. Laden Sie rechtzeitig ein. Nennen Sie den Anlass für das Mitarbeitergespräch, damit sich Ihr Mitarbeiter darauf vorbereiten kann. Achten Sie darauf, dass es keinen negativen Beiklang gibt – noch immer haben Mitarbeitergespräche in vielen Unternehmen den Beiklang von Ermahnungen, Zurechtweisungen. Nutzen Sie dazu Formulierungen wie „Ich freue mich auf den Austausch mit Ihnen". Oder „Ich möchte mich über den Stand der Dinge informieren. Lassen Sie uns gemeinsam darüber sprechen, wie weit Sie bei Projekt XY sind." Ersetzen Sie die Vokabeln „richtig" und „Falsch" durch „hilfreich" und „nützlich".

Bitten Sie Ihren Mitarbeiter, sich auf das Gespräch vorzubereiten. Achten Sie darauf, dass er eine aktive Rolle einnehmen kann, dass das Gespräch auf Augenhöhe stattfinden kann.

Planen Sie für das Gespräch ausreichend Zeit ein. Schlagen Sie einen Termin und einen Ort vor, der eine entspannte Gesprächsatmosphäre erlaubt. Hat Ihr Mitarbeiter im Anschluss einen wichtigen Präsentationstermin bei einem potenziellen Kunden, wird er sich nicht zu 100 Prozent auf Sie konzentrieren können. Stecken Sie gerade in schwierigen Budgetverhandlungen, wird sich dies auf Ihre Konzentration auswirken.

PRAXISTIPP:

Klare Regeln beim Mitarbeitergespräch

1) Die Verantwortung für den Gesprächsverlauf liegt bei Ihnen als Führungskraft.

2) Mitarbeitergespräche dienen dem gegenseitigen Austausch, nicht der Überwachung.

3) Gespräche verlaufen nicht immer nach Wunsch. Akzeptieren Sie, dass ein Gespräch auch überraschende Wendungen nehmen kann oder Inhalte zur Sprache kommen, mit denen Sie nicht gerechnet haben.

4) Ziehen Sie bei besonderen Konfliktpersonen eine dritte Person hinzu – beispielsweise ein Mitglied der Personalabteilung oder des Betriebsrats. Kündigen Sie den weiteren Gesprächspartner im Vorfeld an.

5) Alle Gesprächspartner sind zur Verschwiegenheit verpflichtet. Dies sollten Sie – gerade bei Konfliktgesprächen oder bei Gehaltsanpassungen – zu Beginn des Gespräches betonen.

6) Hat das Gespräch rechtliche Folgen, wird es von der Führungskraft protokolliert. Dies gilt auch für die Vereinbarungen, die innerhalb des Gespräches getroffen wurden.

Um den roten Faden des Gesprächs nicht zu verlieren, sollten Sie sich entsprechend vorbereiten. Dabei hilft Ihnen folgende Checkliste, die Sie je nach Gesprächsanlass modifizieren können.

CHECKLISTE II

Inhaltliche Vorbereitung Mitarbeitergespräch

☐ Was ist der Anlass für dieses Gespräch?

☐ Welches konkrete Ziel haben Sie sich für das Gespräch gesetzt? Worüber soll beim Gesprächsabschluss Konsens bestehen?

☐ Welche kritischen Dinge gibt es zu besprechen? Was muss dabei beachtet werden? (Rechtliche Folgen für Mitarbeiter, Einhaltung von Fristen etc.)

☐ Wie gestaltet sich die Zusammenarbeit zwischen Ihnen und Ihrem Mitarbeiter? Was kann von welcher Seite verbessert werden?

☐ Wofür möchten Sie Ihren Mitarbeiter loben? Und warum?

☐ Wofür möchten Sie Ihren Mitarbeiter kritisieren? Und warum?

☐ Wie beurteilen Sie sein Verhalten gegenüber Kunden, Kollegen?

☐ Welche Schwerpunktaufgaben hat der Mitarbeiter zurzeit? Wie erfüllt er sie?

☐ Ist eine Änderung/Erweiterung seiner Aufgaben geplant? Wenn ja: Welche? Warum?

☐ Welchen Handlungsspielraum benötigt er dazu? Wie weit können und wollen Sie ihn unterstützen?

☐ Können Arbeitsprozesse optimiert werden? Wenn ja: Wie? Was benötigt er dazu?

☐ Sind alle organisatorischen Abläufe wie Informationsflüsse, Vertretungen etc. zufriedenstellend? Wo sehen Sie Anpassungsbedarf?

☐ Welche Entwicklungsperspektiven sehen Sie für ihn? Wie kann die Weiterentwicklung gestaltet werden?

☐ Welche konkreten Ziele möchten Sie mit Ihrem Mitarbeiter vereinbaren?

Protokollieren Sie das Gespräch und die vereinbarten Ziele. Nutzen Sie dazu eine Vorlage, die Sie bereits im Gespräch ausfüllen und bei Bedarf später ergänzen können. Je klarer und einfacher diese strukturiert ist, umso besser. Achten Sie darauf, dass die Zielvereinbarungen klar und unmissverständlich formuliert sind.

PROTOKOLL MITARBEITERGESPRÄCH

Gesprächspartner:

Name des Mitarbeiters: _____

Name der Führungskraft: _____

Weitere Gesprächsteilnehmer: _____

1. Anlass des Gesprächs: _____

_____

_____

2. Zusammenarbeit: Vereinbarung/Zielinhalte: _____

_____

_____

3. Aufgaben: Vereinbarung/Zielinhalte: _____

_____

_____

4. Arbeitsbedingungen: Vereinbarungen/Zielinhalte: _____

_____

_____

---

5. Berufliche Weiterentwicklung: Vereinbarungen/Zielinhalte: _____

_____

_____

6. Sonstiges: Vereinbarungen/Zielinhalte: _____

_____

_____

Die Gesprächspartner verpflichten sich, diese Vereinbarung vertraulich zu behandeln.

Die Vereinbarung ist aufzubewahren, da sie zur Vorbereitung des nächsten Mitarbeitergespräches benötigt wird.

Datum _____

_____   _____
Unterschrift der Mitarbeiters   Unterschrift der Führungskraft

Machen Sie sich während des Gespräches Notizen. Achten Sie darauf, dass die Vereinbarungen klar und deutlich formuliert werden. Erstellen Sie nach dem Gespräch ein Protokoll, in dem die Ziele schriftlich fixiert sind – inklusive aller Zusatzinformationen wie Hilfestellungen, Kompetenzerweiterungen, Kontrolltermine etc. Dieses Protokoll wird Bestandteil der Personalakte. Stellen Sie Ihrem Mitarbeiter eine Kopie für seine Unterlagen zur Verfügung. Damit haben Sie beide eine klare und einvernehmlich gefundene Basis für die Zusammenarbeit in den nächsten Monaten.

Mitarbeitergespräche bedürfen der Nachbereitung. Dazu zählen folgende Punkte:

- Erstellen Sie das Protokoll und überreichen Ihrem Mitarbeiter eine Ausfertigung zum Abgleich und zum Verständnis. Das geht auch anders herum: lassen Sie den MA das Protokoll aus seiner Erinnerung schreiben.

- Informieren Sie die Personalabteilung im Nachgang, wann das Gespräch stattgefunden hat. Die Personalstelle erhält kein Protokoll.

- Unterrichten Sie die zuständigen internen Stellen über vereinbarten Weiterbildungsbedarf und angedachte berufliche Veränderungen. In der Regel sind dies die HR-Verantwortlichen.

- Legen Sie sich das Protokoll auf Wiedervorlage. So stellen Sie sicher, dass Sie regelmäßig die Einhaltung der Zielvereinbarungen kontrollieren.

Lob- und Anerkennungsgespräche

Anerkennung und Lob sind wohl die schönsten Anlässe für ein Mitarbeitergespräch. Trotzdem gibt es auch hier Stolperfallen. So stehen manche Mitarbeiter einem Lob skeptisch gegenüber. Zu oft wird es als Einstieg in ein Gespräch genutzt, in dem dann negative Nachrichten kommuniziert werden. Damit das Lob als solches angenommen wird und die gewünschte Wirkung entfaltet, sollten Sie deshalb folgende Tipps berücksichtigen:

1. Sprechen Sie Ihr Lob zeitnah und im Zusammenhang aus. Beispiel „Ich habe gesehen, dass Sie gestern noch lange da waren, damit der Kunde sein Angebot pünktlich erhält. Das finde ich gut."

2. Loben Sie angemessen. Was das bedeutet? Wenn Sie eher sachlich sind, freuen sich Ihre Mitarbeiter über ein „Gut gemacht!" oder ein „Toll, wie Sie das gemacht haben.". Zeigen Sie sich gern emotional, können Sie Ihr Lob mit einem Schulterklopfen begleiten. Achten Sie darauf, dass Lob, Leistung und Ergebnis in einem guten Verhältnis stehen.

3. Loben Sie fair. Achten Sie darauf, dass Mitarbeiter nicht für eine Leistung gelobt werden, während andere für die gleiche oder mehr Leistung ohne leer ausgehen.

Gerade bei kleineren Anlässen für ein Lob möchte man nicht zu viel Aufhebens darum machen. Beispielsweise, wenn ein Mitarbeiter trotz knappen Zeitrahmens eine Präsentation rechtzeitig fertiggestellt hat. Oder Überstunden gemacht hat, um ein Angebot fertigzustellen. In diesen Fällen reichen ein, zwei Sätze wie „Dank Ihres Engagements sind wir pünktlich fertig geworden" oder „Ich freue mich, dass ich mich so auf Sie verlassen kann.". Geht es um herausragende Leistungen, sollten Sie sich entsprechend Zeit nehmen und auf Lob „zwischen Tür und Angel" verzichten. Damit Ihre Anerkennung als solche wahrgenommen wird und nachhaltig wirkt sollten Sie die folgenden Tipps beachten:

PRAXISTIPP:
So kommt Ihr Lob richtig an

1) Begründen Sie Ihr Lob. Stellen Sie heraus, was gut gelaufen ist. Welche Leistung, welche Verhaltensweisen Sie loben. Fragen Sie immer erwartungsfrei und offen, wie es zu dieser Leistung/Ergebnis gekommen ist

2) Vermeiden Sie allgemeine Formulierungen wie „Gut gemacht". Wählen Sie lieber Aussagen wie: „Ihre Präsentation hat mich vom ersten Moment an überzeugt. Das haben Sie richtig gut gemacht." Oder „Eine so gute und gründliche Marktanalyse lese ich sehr gern. Das ist eine sehr gute Basis für unsere Vertriebsziele. Sehr gut gemacht!"

3) Zeigen Sie Interesse an der Leistung. Fragen Sie nach, wie ihr Mitarbeiter auf die entscheidende Idee gekommen ist. Warum ihm so viel daran lag, das Angebot pünktlich fertigzustellen. Auf welche Informationsquellen er zugegriffen hat, als er die Marktanalyse erstellt hat.

4) Geben Sie ihm Raum, um bei Bedarf über Arbeitsprozesse oder organisatorische Abläufe zu sprechen.

5) Wiederholen Sie Ihr Lob zum Gesprächsende. Damit bleibt das Gespräch länger in positiver Erinnerung. Und Ihr Lob wirkt nachhaltiger.

Lob kann entweder im Vier-Augen-Gespräch oder in ganz wenigen Ausnahmen öffentlich ausgesprochen werden. Anders ist es, wenn Sie Ihre Anerkennung ausdrücken wollen: diese muss öffentlich sein, damit sie ihre Wirkung entfalten kann. Dabei kann Anerkennung weitaus mehr sein als spontane Wertschätzung, die sich in einem Lob äußert. Hier geht es um die regelmäßige Leistung eines Mitarbeiters, die stets hohe Qualität seiner Leistungen. Um den Respekt vor der Leistung. Genau diesen Respekt sollten Sie Ihren Mitarbeiter spüren lassen – durch die Art des Miteinanders. Zeigen Sie, dass die erbrachte Leistung nicht selbstverständlich ist. Anerkennung braucht Öffentlichkeit. Gute Ergebnisse sollten coram publicum gewürdigt werden. Immerhin ist Anerkennung in den meisten Unternehmen leider ein Fremdwort. UND fehlende Anerkennung ein häufiger Kündigungsgrund. Damit liegt auf der Hand, welche Bedeutung gerade auch einer wertschätzenden Anerkennung zukommt. „Tue Gutes und rede darüber". Das stimmt gerade auch hier! UND Anlässe gibt es dafür reichlich. Jedes Unternehmen hat dazu Gesamtmeetings, Sales Conference, oder Kick off Veranstaltungen. Sie kennen das sicher auch!

Kritikgespräch

Nicht ganz so erfreulich, aber immer notwendig, sinnvoll und wirksam sind Kritikgespräche mit Ihren Mitarbeitern. Viele Führungskräfte drücken sich davor – und riskieren so hohe Folgekosten. Und dies in mehrfacher Hinsicht. Erstens wird der Mitarbeiter sein Verhalten nicht von alleine ändern und dem Team und/oder dem Unternehmen so auf Dauer schaden. Oftmals ist es ihnen gar nicht bewusst, dass die Qualität ihrer Arbeit nicht Ihren Erwartungen entspricht. Oder dass ihr Verhalten sich negativ auf den Umsatz auswirkt. Und dies ist der zweite Punkt: Das Fehlverhalten einzelner Mitarbeiter kann finanzielle Einbußen mit sich bringen – beispielsweise, weil potenzielle Aufträge nicht zustande kommen oder Kunden sich dem Wettbewerb zuwenden.

Die Frage ist also nicht, ob Sie bei gegebenem Anlass ein Kritikgespräch führen, sondern wie Sie es führen. Dabei kann ein Kritikgespräch auch ein Gespräch zur Förderung des Mitarbeiters sein. Schließlich haben Sie ein gemeinsames Ziel, eine gemeinsame Aufgabe. Berechtigte, konstruktive Kritik trägt dazu bei, diese Aufgabe zu bewältigen.

Ein Unbehagen bleibt: Wir alle hören ungern Kritik an uns, an unseren Leistungen. Gehen schnell in die Verteidigungsposition. Fühlen uns persönlich angegriffen. Oder reagieren nach dem Motto „Angriff ist die beste Verteidigung". Deshalb ist gerade bei Kritikgesprächen viel Fingerspitzengefühl gefragt.

CHECKLISTE

Kritikgespräch

1) Was genau liegt vor? Was haben Sie selbst gesehen oder festgestellt? Und warum liegt Ihnen der Mitarbeiter und/oder das Thema am Herzen?

2) Versetzen Sie sich in die Lage des Mitarbeiters: Was hätte er wann anders machen können? Welche Motive hatte er/könnte er gehabt haben, sich so zu verhalten, wie er es getan hat?

3) Definieren Sie das Gesprächsziel. Unterscheiden Sie zwischen einem optimalen Ziel und dem Minimum, das Sie erreichen wollen. Wählen Sie einen passenden, ruhigen Gesprächsort aus. Führen Sie Kritikgespräche persönlich, nicht am Telefon. Und vor allem nicht vor Dritten. Achten Sie auf Ihre Sitzposition! (Verweis zu „So bereiten Sie Ihre Mitarbeitergespräche richtig vor")

4) Bei sehr schwierigen Themen bietet sich ein gemeinsamer Spaziergang an. Gerade Themen mit persönlichem Bezug lassen sich im Gehen einfacher besprechen, da so keine „offizielle Atmosphäre" aufkommt. Bewegung bewegt – und immer wieder werden Sie die Erfahrung machen, dass es sich auf einem Spaziergang leichter spricht und konstruktivere Gedanken aufkommen.

5) Achten Sie auf den Gesprächstermin: Wählen Sie am besten einen Termin am Abend. Kritik am frühen Morgen demotiviert den gesamten Tag. Kritik am Freitag Abend, oder am Samstag kann eine gute Entscheidung sein, denn so hat der Mitarbeiter ein paar Stunden mehr Zeit, über alles nachzudenken und dann am folgenden Montag mit einer anderen Haltung zum Kunden zu fahren.

Mit dieser Vorbereitung haben Sie bereits wichtige Weichen gestellt. Jetzt geht es um das Gespräch selbst:

Ablauf des Kritik-Gespräches

1. Begrüßung

Bauen Sie eine positive Atmosphäre auf. Geben Sie Ihr Vertrauen zu erkennen – durch eine persönliche Begrüßung, Händedruck und Augenkontakt.

2. Schildern Sie die Situation und die Fakten direkt und sofort und offen und einfach. Drücken Sie Ihr eigenes Empfinden aus. Nutzen Sie dazu Ich-Aussagen:

Mir ist aufgefallen, …

Ich bin irritiert, dass …

Mich stört, …

Ich bin etwas enttäuscht, dass …

3. Geben Sie dem Mitarbeiter Raum und Zeit, seine Sichtweise darzustellen. Fragen Sie bei Bedarf nach: „Wie sehen Sie die Situation? Wie denken Sie? Ihr Eindruck?"

4. Warten Sie. Warten … Sie auf die Quittung. Wir wollen ein Signal des Mitarbeiters haben. Hat er eingesehen, dass sein Verhalten wenig hilfreich, schlecht, ineffizient war im Sinne der Zielsetzung? Kommt die Reaktion von ihm aus … geht es weiter

5. Vereinbaren Sie mit dem Mitarbeiter Maßnahmen und Ziele, um die Situation zu ändern. Fordern Sie ihn auf, aktiv zu werden:

„Was wollen Sie nun tun?"

6. Achten Sie auf eine positive Verabschiedung. Formulieren Sie darin einen starken Appell. Vereinbaren Sie einen nächsten Gesprächstermin um zu sehen, ob die vereinbarten Maßnahmen die gewünschten Erfolge gebracht haben.

Damit Kritikgespräche die gewünschte Wirkung erzielen, muss die Umsetzung der Ziele beobachtet werden. Geben Sie Feedback, wenn Sie erste Veränderungen wahrnehmen. Zeichnet sich ab, dass die vereinbarten Ziele nicht eingehalten werden, ist ein weiteres Kritikgespräch nötig.

Verabschiedungsgespräch

Das Ende der Zusammenarbeit ist die Verabschiedung. Ein/e Mitarbeiter/in geht. Weil er oder sie sich beruflich verändern will. Weil ihm oder ihr gekündigt wurde. Weil der persönliche Lebensmittelpunkt verlagert wird. Oder die Rente schlicht die bessere Alternative ist.

Verabschiedungsgespräche sind wichtig. Sie geben dem Mitarbeiter noch einmal Feedback. Drücken Wertschätzung aus. Bilden die Basis für eine eventuelle spätere Zusammenarbeit – man weiß ja nie, wo man sich noch einmal begegnet. Für die verbleibenden Mitarbeiter ist der Umgang mit scheidenden Kollegen zudem ein Hinweis darauf, wie ehrlich Ihre Wertschätzung ist. Räumen Sie dem scheidenden Kollegen keine Zeit für ein Gespräch, einen freundlichen Abschied ein, kann dies zu Demotivation führen. Weil das Gefühl entsteht, nur als Angestellter wahrgenommen zu werden, nicht als Mensch. Nur dann wertgeschätzt zu werden, wenn man etwas für die Firma erbringt.

Häufig unterschätzt werden die Informationen, die ein Unternehmen aus den Abschiedsgesprächen für sich gewinnen kann. Nehmen Sie sich deshalb Zeit für Ihren Mitarbeiter. Reden Sie mit ihm. Hören Sie aktiv zu.

Wie das Gespräch verläuft und welche Ziele Sie mit dem Gespräch verfolgen, hängt auch davon ab, ob der Mitarbeiter von selbst gekündigt hat oder ob er gekündigt wurde.

Immer auch die Perspektiven im Trennungsgespräch zu äußern – das klingt zunächst widersprüchlich. Ist es aber nicht. Denn die Trennung muss ja nicht unbedingt aufgrund der Leistungen des Mitarbeiters erfolgen. Vielleicht wird die Abteilung verkleinert, weil ein Auftrag weggebrochen ist. Oder es stehen andere Restrukturierungsmaßnahmen an. Haben Sie mit dem Mitarbeiter gern und gut gearbeitet – bedauern Sie also die Kündigung – sollten Sie dies auch zum Ausdruck bringen.

Möglicherweise gibt es nach einiger Zeit eine freie Position, für die Sie genau diesen Mitarbeiter gewinnen wollen.

Hier haben wir beide Gesprächsformate für Ihr Trennungsgespräch für Sie zum Download bereitgestellt.

Kapitelfazit

Dies ist für mich aus diesem Kapitel besonders wichtig – um diese Punkte werde ich mich noch genauer kümmern:

1) _____

2) _____

3) _____

4) _____

5) _____

_____

_____

_____

KAPITEL 7

So zünden Sie den richtigen Motivationsfunken: Teamspirit

IHR CHECK AUF EINEN BLICK

WORUM es in diesem Kapitel geht

WAS ist in diesem Auf-gabenbereich zu tun?	Sie selbst in der Vertriebsführung, aber besonders Ihre Mitarbeiter in Verkauf und Vertrieb haben ständig mit einem großen Demotivator zu kämpfen: dem Nein des Kunden. Sie müssen die richtigen Ideen, Kompetenzen und Tools entwickeln, um aus 1 + 1 mehr als 2 zu machen. Also aus einem Verkäufer und noch einem mehr als isolierte Einzelkämpfer, die sich aufreiben und weder Ihrem Unternehmen noch sich selbst viel bringen, zu machen.
WARUM ist es zu tun?	Das ist evident: Wer nicht motiviert ist, zu verkaufen, der hat nicht nur ein Umsatz-Problem, er verursacht auch eins: Ihrem Unternehmen. Besteht aber ein „Team" nur aus übermotivierten Wölfen, die sich gegenseitig zerfleischen, wird die Gesamtleistung der Vertriebsabteilung aber einem bestimmten Punkt nicht mehr größer, sondern kleiner. Daher müssen Sie die richtige Balance aus Wettbewerb, Kampfgeist und Teamspirit unter Ihren Verkäufern wecken.
WIE konkret ist es zu tun?	1) Sie hinterfragen, was Teamspirit in Ihrem Vertrieb, Ihrem Unternehmen wirklich konkret bedeutet 2) Sie lernen, welche unterschiedlichen Motivations-typen und Motivatoren es (im Vertrieb) gibt 3) Sie entwickeln ein Set an Motivierungsmöglichkeiten und Incentives, die auf Ihre Vertriebsmitarbeiter passen 4) Sie kommen vom Wettbewerb der Einzelnen zum Erfolg des ganzen Teams, von dem alle profitieren.

Motivation gegen das Nein des Kunden

Trotz aller Kundenorientierung ist Enttäuschung im Vertrieb vorprogrammiert. Vertrieb ist immer auch ein Geschäft mit dem NEIN. Ablehnung gehört dazu. Schon klar, und dennoch nicht so einfach. 20 Termine zu vereinbaren, um zehn Gespräche führen zu können und daraus zwei Kunden zu gewinnen, dabei nicht zu wissen, welcher der 20 angesprochenen wird der nächste Kunde sein, das schlaucht. Und dann gibt es selbst dafür keine Garantie. Verkaufen war und ist ein Geschäft mit dem „Nein". Es kann auch sein, dass von 100 angesprochenen Kunden erst die letzten 20 zu Käufern werden. Sicher ist man in diesem Geschäft nie. Das macht es auch so interessant und lukrativ. Immerhin können es wirklich erfolgreich immer nur wenige in jeder Branche! 100 Kunden ins Geschäft strömen zu sehen, von denen nicht mal jeder vierte etwas kauft, kann zu Zweifeln am eigenen Angebot führen. Zu Demotivation. Das Fatale: Ihre Kunden merken dies sogar. An der Ausstrahlung Ihrer Mitarbeiter. Ihrer Gestik. Ihrer Mimik. Der Argumentation. Der Begeisterung, mit denen Sie etwas präsentieren.

Für Ihre Mitarbeiter, Ihr Team, für den Erfolg Ihres Unternehmens ist es deshalb wichtig, dass die Frustration nicht den Alltag beherrscht. Dass sie die Ausnahme bleibt. Dass Ihre Mitarbeiter eine höhere Frustrationstoleranz gegen das Nein des Kunden entwickeln. Nicht zum Zyniker werden, sondern ihr Feuer, ihre Begeisterung behalten.

Wie wir mit Schwierigkeiten umgehen, wie schnell wir der Enttäuschung erlauben, unser Empfinden zu bestimmen, hängt von unserer Frustrationstoleranz ab. Sie bestimmt, wie viele Rückschläge wir aushalten, bevor wir unsere Ziele aufgeben. Wie wir anstehende Aufgaben wie die Vereinbarung von Gesprächsterminen einfach ignorieren, um nicht wieder enttäuscht zu werden. Oder sogar selbst Gespräche absagen.

In diesen Momenten sind Sie als Coach gefragt. Als Anlaufstelle und Ratgeber für Ihre Mitarbeiter. Als derjenige, der gemeinsam mit Ihrem Mitarbeiter Ursachenforschung betreibt. Und der dabei hilft, die Frustrationstoleranz Ihres Mitarbeiters zu erhöhen.

Fragen Sie Ihren Mitarbeiter, warum genau er frustriert, demotiviert ist. Gibt es einen konkreten Auslöser? Hat er beispielsweise besonders viel Zeit in ein Projekt gesteckt, dass dann nicht zum Abschluss gekommen ist? Oder handelt es sich um einen schleichenden Prozess? Welche Erwartungen hat er in dieser Situation bzw. während des Prozesses an sich selbst gestellt? Prüfen Sie, ob diese Erwartungen irrational waren – also gar nicht erfüllt werden konnten. Helfen Sie ihm dabei, realistische Erwartungen zu formulieren. Klären Sie dabei auch, was Sie von ihm erwarten. Und warum Ihre Erwartungshaltung genau so aussieht.

Achten Sie darauf, dass Sie dem frustrierten Mitarbeiter in den kommenden Wochen regelmäßig Feedback zu seinen Leistungen geben. Loben Sie ihn dort, wo er es verdient. Üben Sie konstruktive Kritik, wenn es angebracht ist. Setzen Sie ihm klare Ziele, die Sie auf kürzere Zeitspannen runterbrechen. So schaffen Sie die Chance auf zeitnahe Erfolgserlebnisse.

Unterschiedliche Motivationstrigger ansprechen

Die Erreichung der Ziele und positives Feedback spornt nicht nur in aktuellen Frust-Situationen an. Sie stärken auch dann unser Selbstbewusstsein, wenn es uns gut geht. Anerkennung für geleistete Arbeit zählt damit zu den wirkungsvollsten und einfachsten Mitteln, das Team anzuspornen. Sie kostet nichts – aber sie ist nicht billig! Will heißen: Anerkennung muss immer echt, herzlich, und wahrhaftig sein. Sie muss, wie Lob, direkt und konkret erfolgen. Selbst wenn einmal kein Erfolg zu verzeichnen ist, kann Anerkennung den Weg zum Erfolg nochmal bewusster machen. Die moderne Motivationsforschung zeigt übrigens, dass unterschiedliche Charaktertypen Anerkennung für ganz unterschiedliche Aspekte oder Erfolge haben wollen – achten Sie also auch hier, wie bei den Motivatoren, auf die Unterschiede.

Anerkennung wirkt meistens (es gibt Ausnahmen!) nur dann, wenn sie öffentlich wird. Nur wenn sie von anderen Mitarbeitern, Kollegen oder Kunden wahrgenommen wird, wirkt sie motivierend. Anders ist es mit Lob, das auch diskret wirken kann. Kritik – immer konstruktive – sollte sich hingegen ohne Ausnahme nur an den Einzelnen richten.

Ganz allgemein gilt in der Motivation, dass sich dem der Weg unter die Füße schiebt, der einfach verliebt ist in seine Ziele. Diesen Zustand gilt es also zu halten!

Nutzen Sie Formulierungen, die dem Emotionssystem des Mitarbeiters entsprechen, um Lob und Anerkennung aber auch Kritik auszusprechen. Berücksichtigen sie die unterschiedlichen Persönlichkeiten auch bei der Motivation Ihrer Mitarbeiter. Bauen Sie die Treiber in Ihre Formulierungen ein. Formulierungen wie „Bei diesem Projekt können Sie zeigen, was in Ihnen steckt" oder „Wenn Ihnen das gelingt, sprechen wir im nächsten Jahr über Ihre Beförderung" können ehrgeizige Mitarbeiter, Kämpfer und Hunter zu Bestleistungen motivieren. Bei neugierigen und aufgeschlossenen Mitarbeitern kann der Hinweis auf das Neue, Innovative an der gestellten Aufgabe den Motivationsfunken zünden. Andere fangen bei der Betonung des Teamgedankens Feuer oder durch die Darlegung der Erfolgschancen durch Zahlen, Daten und Fakten.

Bei der Frage, welche Motive Ihre Mitarbeiter antreiben, hilft Ihnen die MotivStrukturAnalyse, die ich Ihnen bereits auf Seite 109 vorgestellt habe. Und natürlich die gesunde Menschenkenntnis.

EXKURS:

Teamspirit im Fußball

Kein Fußball-Team gewinnt ohne Druck. Gemeinsam wollen sie den Sieg. Teamspirit und Wettbewerbsdenken, das funktioniert. Wenn die Mannschaft entsprechend motiviert ist. Wenn sie siegen will. Und dies mit Freude. Wenn buchstäblich die Mannschaftsenergie den Ball „irgendwie ins Tor treibt, egal wer schießt".

Beispielhaft haben wir das tatsächlich in den Spielen der deutschen Fußball-Nationalmannschaft während der Weltmeisterschaft in Brasilien gesehen: Ein legendäres 7:1 gegen Brasilien im Halbfinale! Hammer! Ein weiteres schönes Beispiel ist das Spiel des BVB gegen Mainz 05, das Dortmund 4:2 gewann.

Im Anschluss an das Spiel brachte Thomas Tuchel, damals noch Trainer von Mainz 05, auf den Punkt, was den BVB zum Sieg führte: Die Entschlossenheit zur Bestleistung, das geschlossene Team und die Spielfreude. Gegen dieses Team war Mainz wehrlos. Sagt der Nachfolger des jetzigen Trainers beim BVB.

Jürgen Klopp, Trainer des BVB, hatte seiner Mannschaft neben dem Sieg gegen Mainz ein weiteres Ziel mitgegeben: den Sprung in die Champions League. Zum vierten Mal hintereinander. Ein Ziel, das motiviert. Und das mit zum Sieg geführt hat.

Leider liegen gute Beispiel der Fortuna hier in Düsseldorf schon länger zurück ... aber: wir geben nicht auf!

Wie können Sie die Motivationsflamme entzünden?

Teamspirit – was ist das überhaupt? Wovon reden wir, wenn wir davon sprechen, einen Motivationsfunken zünden zu wollen? Eines der überzeugendsten Beispiele ist mir im Ruhrgebiet begegnet. Ein alter Bergmann erzählte mir mit leuchtenden Augen, wie sehr die Menschen früher zusammengehalten haben. Damals, als im Ruhrgebiet noch Kohle gefördert wurde und die Kumpels unter erschwerten und häufig gefährlichen Bedingungen unter Tage gearbeitet haben. Als sich einer auf den anderen verlassen können musste. Als jeder kleine Fehler Leben kosten konnte. Das hat zusammengeschweißt. Und dies über die Zechengrenze hinweg: Wenn einer ging – egal aus welchem Grund – ging das gesamte Team. Zog zur nächsten Zeche, um dort wieder gemeinsam acht, zehn Stunden unter Tage zu malochen.

Heute ist dies unvorstellbar. Der berufliche Werdegang ist individuell geworden. Ob und wie oft jemand seinen Job wechselt, hängt von zahlreichen Aspekten ab. Vielleicht ist jemand aus persönlichen Gründen umgezogen. Oder strebt den nächsten Karriereschritt an. Oder aber er fühlt sich in seinem aktuellen Job überfordert. Kommt nicht mit seinen Kollegen klar. Oder nicht mit seinem Chef. Ganz gleich, woran es liegt: Zehn Euro mehr oder ein Extra-Urlaubstag reichen nicht als Anreiz. Dafür ist der Aufwand zu groß. Der Bewerbungsprozess zu langwierig. Und die Gefahr, (wieder) nicht den Traumjob erhalten zu haben, zu groß – schließlich kann in der Probezeit jederzeit gekündigt werden.

Das heißt nun nicht, dass das Einkommen bei der Wahl des Arbeitgebers keine Rolle mehr spielt. Oder – sofern es ein deutlicher Unterschied ist – kein Grund für einen Jobwechsel sein kann. Geld spielt natürlich noch eine Rolle. Dies hat eine Studie der Gesellschaft für Konsumforschung bestätigt, bei der 978 Arbeitnehmer gefragt wurden, weshalb sie ihren Arbeitsplatz wechseln würden. 61,6 Prozent der Befragten gaben „schlechte Bezahlung" als einen von bis zu drei Gründen an. Aber: Auf Platz 2 schaffte es der Grund „Schlechtes Arbeitsklima", der von 53,9 Prozent angegeben wurden. Fehlende Weiterentwicklungsmöglichkeiten lagen immerhin mit 22 Prozent auf Platz 4. Etwas wichtiger war den Befragten hier der kürzere Weg zur Arbeit (24,4 Prozent).

Geld ist damit zwar weiterhin wichtig, aber nicht mehr allein entscheidend bei der Frage, ob man bei einem Arbeitgeber bleibt oder doch den Job wechselt. Oder um die Frage, wann der richtige Zeitpunkt für eine Neuorientierung ist. Auch bei der Entscheidung für einen neuen Arbeitgeber ist das Einkommen nur eines von mehreren Kriterien. Und das ist verständlich: Wir verbringen mehr Zeit am Arbeitsplatz als mit unserem Partner, unserer Familie. Wir reden am Tag mehr mit unseren Kolleginnen und Kollegen als mit unseren Kindern. Und wir nehmen diesen Arbeitstag mit nach Hause. Ein schlechtes Arbeitsklima belastet also nicht nur den Mitarbeiter selbst, seine Psyche und Gesundheit. Sondern seine gesamte Familie. Seine Partnerschaft. Die Demotivation im Beruf überträgt sich so auf alle Lebensbereiche.

Doch das ist nicht alles. Wir möchten stolz auf das sein, was wir leisten. Uns mit unseren Aufgaben identifizieren. Wollen gefordert werden, wachsen, uns weiterentwickeln. In einem Unternehmen, für das man gerne arbeitet. Mit dessen Werten wir uns identifizieren können. In Teams, in denen wir uns wohlfühlen. Weil alle an einem Strang ziehen. Wir Unterstützung bekommen. Man füreinander einsteht – wie die Kumpels früher. Einander vertrauen kann – und auch schon einmal miteinander lacht.

Demotivierte Mitarbeiter kosten Sie Geld

Dieses Streben nach einem angenehmen Arbeitsklima, nach einem Job der begeistert, der inspiriert, bringt nicht nur für Arbeitnehmer Vorteile mit sich. Denn demotivierte Mitarbeiter leisten weniger. Sind häufiger krank. Sie schaden dem Unternehmen. Das belegt auch der regelmäßig erscheinende Engagement-Index des Beratungsunternehmens Gallup. Kennen Sie auch, oder? Demnach machen 61 Prozent der Mitarbeiter in Deutschland Dienst nach Vorschrift. Kommen pünktlich und gehen genauso pünktlich. Spulen ihr Pflichtprogramm ab und machen nicht mehr, als nötig. Sie engagieren sich nicht. 24 Prozent haben sogar innerlich gekündigt. Das hat fatale Folgen – für die Wirtschaft im Ganzen und die Unternehmen selbst. Zwischen 112 und 138 Milliarden Euro jährlich belaufen sich die volkswirtschaftlichen Kosten von innerer Kündigung – so das Beratungsunternehmen in seiner Studie „Engagement-Index 2012". In den Unternehmen selbst macht sich dies unter anderem durch eine geringere Innovationskraft, weniger Verbesserungsvorschläge in den Bereichen Prozess, Produkte oder Service merkbar. Durch fehlende Begeisterung beim Job, höhere Fehlzeiten – und eine höhere Fluktuation.

Eine der wichtigsten Gründe für die Demotivation geht laut Studie auf die Personalführung zurück. Auf die Frage, ob sich ein Mitarbeiter wie ein Partner oder eher wie ein Untergebener behandelt fühlt. Wie mit seinen Ideen zur Verbesserung von Produkten und Prozessen umgegangen wird. Ob man sie ignoriert – oder prüft. Ob sie umgesetzt werden. Ob er erfährt, wie das Unternehmen dadurch profitiert hat.

Anders ausgedrückt: Sie haben es in der Hand, ob Ihre Mitarbeiter offen für Abwerbungsversuche der Mitbewerber sind. Ob sie Bestleistungen erbringen. Ob sie sich im Team gegenseitig fördern und helfen oder ob sie sich bekämpfen. Ob Ihr Team – und damit Ihr Unternehmen – erfolgreich ist.

HINTERGRUND:

So wirkt sich Führung aus

Wie wirkt sich Führungsverhalten auf die Motivation und Identifikation der Arbeitnehmer aus? Dieser Frage ging das Beratungsunternehmen Gallup im Engagement-Index 2012 nach. Befragt wurden 2.198 Arbeitnehmer. Das Ergebnis:

- 89 Prozent der Arbeitnehmer mit hoher emotionaler Bindung gaben an, dass sie ihre Sichtweisen offen und ohne Furcht einbringen können. Bei den Mitarbeitern, die innerlich gekündigt haben (keine Bindung zum Unternehmen) waren dies nur 13 Prozent.

- Der Aussage „Mein Vorgesetzter ist offen für neue Ideen und Vorschläge" stimmten 85 Prozent der Mitarbeiter mit hoher Bindung zu, aber nur 9 Prozent der Mitarbeiter ohne Bindung.

- Die Aussage „Ich werde ermuntert, neue Ideen und Verbesserungsvorschläge einzubringen" wurde von 78 Prozent der Mitarbeiter mit hoher Bindung bestätigt. Bei den Mitarbeitern ohne Bindung waren es 9 Prozent.

- Auch die Art, wie Führungskräfte mit Fehlern umgehen, wirkt sich auf die Motivation aus. Dies zeigt die Aussage „In meinem Arbeitsumfeld werden Fehler als Möglichkeit gesehen, zu lernen und besser zu werden". Von den Mitarbeitern mit hoher emotionaler Bindung bestätigten dies 73 Prozent, von denen ohne Bindung nur 6 Prozent.

- Krasse Unterschiede auch bei der Aussage „In meinem Unternehmen werden unterschiedliche Meinungen und Ideen geschätzt", der 80 Prozent der Mitarbeiter mit hoher emotionaler Bindung zustimmten, aber nur 4 Prozent der Mitarbeiter ohne Bindung.

Quelle: GALLUP® ENGAGEMENT INDEX DEUTSCHLAND 2012

Mitarbeiter inspirieren und motivieren

Nun möchte niemand mehr die früheren Arbeitsbedingungen des Berg-baus zurück haben, auch wenn sie noch so teamfördernd waren. Und ehemalige Bergarbeiter selbst in hohem Alter – trotz aller Gefahren – leuchtende Augen bekommen, wenn sie von ihrer Arbeit berichten. Noch immer inspiriert sind. Junge Menschen an ihrer Geschichte, ihren Erleb-nissen teilhaben lassen – durch Führungen in ehemaligen Zechen bei-spielsweise.

Doch wie können Mitarbeiter heute noch motiviert werden? Wie inspiriert man Menschen, die den ganzen Tag Informationsreizen ausgesetzt sind? Das Geheimnis liegt in der Führung!

HINTERGRUND:

Inspirierte Führungskräfte

Es gibt einen wesentlichen Unterschied zwischen motivierten und inspirierten Menschen: Motivation ist immer ein Anreiz von außen. Wir werden dazu motiviert, eine Aufgabe zu lösen, ein Ziel zu erreichen.

Der Funke der inspirierten Persönlichkeit brennt innen – einige Motivationsforscher nutzen dafür auch den Begriff der intrinsischen Motivation. Inspirierte Führungskräfte leben für eine Idee, für ihre Werte und Ziele: Sie sind „Selbstzünder". Das macht sie glaubwürdig, vor allem, wenn sie motivatorische Impulse für andere, für ihr Team setzen sollen. Sie haben gelernt, sich selbst – und andere – so anzunehmen, wie sie sind und vor allem: Die Verantwortung bei Fehlern nicht bei anderen zu suchen. Sondern zuzugeben, sich geirrt zu haben. Oder unaufmerksam gewesen zu sein. Inspirierte Führungspersönlichkeiten nehmen kreative Ideen aus den Reihen der Mitarbeiter als Bereicherung wahr. Freuen sich über Querdenker und Andersmacher. Und diese Einstellung wird an das Team, den einzelnen Mitarbeiter weitergegeben.

Tipp: Wenn Sie mehr darüber lesen wollen, empfehle ich Ihnen die Whitepapers „Extraordinary Leadership" und „Double your Profit" sowie den „Ketchum Leadership Communication Monitor, der einen klaren Zusammenhang zwischen Führungskommunikation und Firmenerfolg (Umsatz) zeigt (siehe Literaturverzeichnis).

Fordern und fördern – jenseits von „wir haben uns alle lieb"

Der Engagement-Index hat das Zusammenspiel von Motivation und Führung eindrucksvoll belegt. Natürlich können Sie nicht aus jedem Team-Mitglied einen inspirierten Mitarbeiter machen. Sie können aber verhindern, dass es zur Demotivation kommt, zu inneren Kündigungen. Sie können ein Arbeitsklima schaffen, in dem sich Mitarbeiter gefordert und gefördert fühlen. In dem sie Teil einer großen Idee werden. Ihre persönlichen Werte im Unternehmen, im Team wiederfinden. Sich bestätigt fühlen in dem, was sie machen. Darin bestärkt werden, neue Ideen zu verfolgen. Quer zu denken. Neugierig zu sein und Dinge zu hinterfragen. Ein Arbeitsklima, das Kreativität und Offenheit erlaubt. In dem es kein Gerangel und kein Misstrauen gibt, sondern ein faires Miteinander. In dem Sie als Vorbild agieren.

Dabei geht es keineswegs darum, eine „Wir haben uns alle lieb"-Stimmung zu erzeugen, niemandem weh zu tun. Die Mitarbeiter sollten sich aber sicher sein, dass sie entspannt und ohne Angst arbeiten können. Dass es faire Regeln gibt, nach denen ihre Leistung beurteilt wird. Dass konstruktive Kritik geübt wird. Dass Kreativität, Neugier und Querdenken nicht als Humbug abgetan, sondern als Bereicherung wahrgenommen werden.

Wenn Ihnen dies durch Ihr Führungsverhalten gelingt, wird der Großteil Ihres Teams gerne und motiviert arbeiten. Dies ist die Basis, auf der das Grundrauschen des Vertriebs stattfinden kann. Auf der weitere Motivationsmaßnahmen Ihr Team zu Bestleistungen führen können. Ohne diese Basis werden alle anderen Maßnahmen zur Motivation und Inspiration der Mitarbeiter verpuffen.

Persönliche Ziele zu erreichen, erfordert Willenskraft, Ausdauer und die Fähigkeit, sich immer wieder für die Sache zu begeistern. Andere dazu bringen, sich für ein Anliegen einzusetzen, erfordert mehr. Denn hier haben Sie es mit verschiedenen Unbekannten zu tun. Über die eigene Verfassung können Sie sich jederzeit ein Bild machen – der mentale und rationale Zustand anderer Menschen erschließt sich nicht ohne weiteres. Das heißt: Es reicht nicht aus, die Weichen zu stellen und den Zug ins Rollen zu bringen. Während der gesamten Wegstrecke zum Erfolg sind Sie gefragt, eventuelle Blockaden beiseite zu räumen und nachlassende Motivation neu zu beleben.

Diesen Praxistipp habe ich bereits 2005 in meinem ersten Buch „Agiere. Schritte zur Kraft des Handelns" formuliert. Bis heute unterschreibe ich jedes Wort.

Motivierende Führung ist in erster Linie: Kommunikation

Doch wie mache ich das – bei anderen Begeisterung entfachen? Sie den ganzen Weg bis zum Erfolg begeistern? Zunächst einmal sollten Sie wissen, wie Ihr Team, Ihre Mitarbeiter ticken. Wer zu den Best Performer gehört. Wer mehr Aufmerksamkeit oder gezielte Unterstützung braucht. Hier hilft die Teamanalyse.

PRAXISTIPP:

Die Teamanalyse

Vertriebsteams lassen sich in die Kategorien Best Performer, Mittelfeld und Mitarbeiter mit eher schwachen Ergebnissen einteilen. Jede Kategorie, jeder Mitarbeiter braucht seine eigenen Anreize, um zu (persönlichen) Best-Leistungen motiviert zu werden. Die Best-Performer motivieren sich meistens selbst. Sie brennen von innen, sind gern gut, haben gern Erfolg. Sie kennen ihre Kunden und wollen verkaufen. Zwar hat die Führung immer auch ihren Anteil am Erfolg der sehr guten Leute. Ich behaupte aber, dass die das oft trotzdem schaffen. Den meisten ist egal, wer „unter ihnen Vorstand ist!"

Anders das Mittelfeld: Diesen Mitarbeitern fehlt oft der Biss. Ihnen liegt das Verkaufen, aber es fehlt das entscheidende Etwas. Die Leistung hängt ab von der Stimmung im Team. Vom Produkt, von der Führung, von der Ehefrau. Es gibt kaum etwas, dass ich hier in 30 Jahren noch nicht erlebt habe. Das Gute daran: hier kann die Führungskraft eingreifen und mit den richtigen Entscheidungen ein Team zu Erfolgen führen. Die sehr guten Selbstgänger dienen häufig als interne Benchmark für gute Resultate. Motto: „wenn das bei Müller läuft, dann kann das auch Ihnen gelingen!" Mitarbeiter mit schwachen Ergebnissen hingegen können sich entweder nicht mit dem Produkt oder auch ihrem Job identifizieren. Oder aber ihnen fehlen wichtige Kernkompetenzen für den Verkauf.

Was bedeutet das für Sie? Schauen Sie sich Ihr Team genau an. Erstellen Sie für jeden ein Leistungsprofil. Finden Sie heraus, wo die persönliche Motivation des Einzelnen liegt. Welche Stärken er hat. Wie Sie ihn unterstützen können. Dies kann eine neue Rolle im Team sein. Eine Fortbildung. Oder eine stärkere persönliche Führung.

Eines der wichtigsten Mittel, quasi Voraussetzung für Motivation ist Kommunikation. Vermitteln Sie Ihren Mitarbeitern, dass ihre Leistung, ihr Erfolg wahrgenommen wird. Nehmen Sie sich Zeit für Gespräche. Erkennen Sie Leistung an. Loben Sie, wenn es angebracht ist. Und: Loben Sie richtig! Jeder von uns freut sich über ein „Gut gemacht". Aber das allein reicht nicht. Anerkennung und Lob motiviert, wenn der Mitarbeiter nachvollziehen kann, warum er das Lob bekommt. Und genau das sollten Sie ihm vermitteln.

- Begründen Sie das Lob: Was ist so herausragend an der Leistung, dass es Ihre Erwartungen übertroffen hat?

- Was ist gut an der Leistung? Erklären Sie an Beispielen, was Ihnen besonders gut gefallen hat. Womit sich der Mitarbeiter vom Durchschnitt abhebt.

- Betonen Sie die positiven Folgen für das Team und das Unternehmen.

- Bilden Sie eine Brücke zu den persönlichen Eigenschaften des Mitarbeiters, die zu der herausragenden Leistung beigetragen haben. Dies kann ein außergewöhnliches Engagement sein. Oder die Kreativität bei der Herangehensweise.

Auch Kritik ist Feedback und kann Ihre Mitarbeiter motivieren. Wenn sie sachlich und konstruktiv ist. Lösungsorientiert statt anklagend. Wichtig ist dabei, dass Sie einen ruhigen Moment und einen ruhigen Ort für das Gespräch suchen. Bleiben Sie sachlich. Greifen Sie den Mitarbeiter nicht an. Verzichten Sie auf Vorwürfe. Begründen Sie Ihre Kritik: Was genau stört Sie? Welche Folgen hat das für das Unternehmen? Machen Sie deutlich, dass Sie an einer gemeinsamen Lösung orientiert sind – dazu gehört auch, dass Sie ein offenes Ohr für die Sorgen und Nöte Ihres Mitarbeiters haben. Denn nur wenn Sie wissen, wo die Ursache für die schlechte Leistung liegt, können Sie eine Lösung entwickeln.

Achten Sie darauf, Ihre Mitarbeiter nicht vor anderen zu kritisieren – dies senkt die Motivation sofort. Und ist alles andere als förderlich für den Teamgeist. Warten Sie lieber auf einen geeigneten Moment. Und verzichten Sie darauf, mit anderen Team-Mitgliedern über den Mitarbeiter zu reden – egal, wie verärgert Sie gerade sind.

Wettbewerb und Kampfgeist – aber zum Wohl des Teamspirits

Manchmal reichen Worte nicht aus. Beispielsweise, wenn Ihr Team gemeinsam ein Ziel erreicht hat. Einen neuen Auftrag geholt oder eine Umsatzmarke geknackt hat. Geben Sie dem Erfolg Ausdruck. Schaffen Sie Rituale. Halten und kultivieren Sie sie. Das Grillen im Sommer. Der „day out of the box" im Winter, das after work-Bier am Dienstag im Ruders (Düsseldorfer Ritual), die Harley-Tour, das Golfturnier, die Weihnachtsfeier…das Sales Kick off Meeting in jedem Fall. Ihre Leute brauchen das. Das sind vertriebliche Hygiene-Faktoren!

Hat ein Mitarbeiter oder ein kleineres Team den Erfolg erzielt, sollten Sie auch dafür Ausdrucksformen und Rituale haben. Den Mitarbeiter oder das Team des Monats. Eine eigene Rubrik im Intranet, in der Mitarbeiter und Projekt vorgestellt werden. „Rennlisten" in denen die fünf umsatzstärksten Mitarbeiter angezeigt werden.

Achten Sie darauf, dass Zeit für den persönlichen Austausch bleibt. Dass die Mitarbeiter ins Gespräch kommen. Stoßen Sie den Austausch an. Fragen Sie gezielt nach: „Wie haben Sie denn Herrn XY doch noch zum Abschluss bringen können?" „Welcher Aspekt war für die Auftragsvergabe ausschlaggebend?" oder „Wie haben Sie es geschafft, dass wir uns gegenüber dem Wettbewerber durchsetzen konnten?" Mit solchen kleinen Aktionen können Sie übrigens auch die Motivation bei außergewöhnlich langen Arbeitstagen erhalten.

Kampfgeist entfachen und (gesundes) Wettbewerbsdenken fördern

Bestleistungen erbringen Mitarbeiter vor allem dann, wenn sie gefordert werden. Das gilt auch für Vertriebsmitarbeiter: Sie kennen Druck. Wollen sich beweisen. Zeigen, dass sie gut sind. Wollen gefordert und gefördert werden. Und zwischendurch auch ihre Routine durchbrechen.

Eine Möglichkeit, mit der Sie das spielend erreichen können, sind Verkaufswettbewerbe und Incentives. Sie bieten sich vor allem in umsatzschwachen Phasen an. Oder wenn ein Produkt gezielt stärker verkauft werden soll. Und das bei den Vertriebsmitarbeitern ein gesundes Wettbewerbsdenken entfachen kann.

Doch Vorsicht: Es reicht keineswegs aus, eine Zeitspanne zu definieren, in der der interne Wettbewerb stattfindet und hinterher den Verkäufer mit den meisten Leads auszuzeichnen. Diese Wettbewerbsregeln demotivieren alle durchschnittlich guten Vertriebsmitarbeiter, da sie sich gegenüber den Top-Verkäufern von Anfang an keine Chance ausrechnen.

Verkaufswettbewerbe fair gestalten

Gefragt sind vielmehr intelligente Verkaufswettbewerbe, die den Wettbewerbsgedanken untereinander anfachen. In denen sich die Mitarbeiter gegenseitig messen können, sich – auf fairer Ebene – gegeneinander anstacheln. Mit realen Zielen, bei denen jeder die Chance hat, zu den Gewinnern zu gehören. Dieser Kampfgeist, dieses innere Feuer gehört zum Vertrieb. Es steigert die Motivation, den Ehrgeiz.

Je nach Branche kann beispielsweise die Aufgabe gestellt werden, in der Wettbewerbsphase den Verkauf eines Produktes um zehn Prozent zu erhöhen. Oder: Kunden, die Ihr Produkt weiterverkaufen (Re-Seller), von gemeinsamen Marketingmaßnahmen zu überzeugen. Oder Sie können diejenigen Drei zu Gewinnern küren, die zuerst eine festgelegte Zahl von Leads erreicht haben.

Läuft der Wettbewerb über einen längeren Zeitraum, können Sie das Feuer brennen lassen, indem der Wettbewerb visualisiert wird. Nehmen wir an, die Aufgabe lautet innerhalb eines halben Jahres 600 Leads zu gewinnen. An dem Wettbewerb beteiligen sich vier Teams mit jeweils drei Mitarbeitern. Nun können Sie natürlich irgendwo auf einer Pinnwand die aktuellen Leads verzeichnen. Das ist langweilig. Und geht vielleicht sogar in anderen Informationen unter. Nutzen Sie das Intranet. Stellen Sie visuell dar, welches Team die Spitzenposition einnimmt. Sprechen Sie den aktuellen Status in den Teammeetings an.

So, wie das Leben komplementär gebunden ist, so ist auch die Motivation von Menschen auf diese beiden Punkte zu reduzieren. Menschen wollen Zugehörigkeit, Routine, Gewohnheit, wollen kuscheln. Und sie wollen Wachstum, Veränderung, Neues entdecken. Zwischen diesen beiden Polen findet das Leben statt. Hier sind wir zwischen den Polen in Bewegung, sind motiviert. Movere kommt aus dem Lateinischen und bedeutet schlicht: Bewegung. Und es macht uns die für uns richtige „Mischung" dann zeitweise glücklich.

Damit diese Strategie auch im Vertrieb aufgeht, dürfen die internen Wettbewerbe nicht zum Betriebsalltag werden. Sonst verlieren sie an Reiz. Zur einfachen Gewohnheit gehören: eine schlichte Mitnahme von Leistungen ist schlecht. Verändern Sie! Variatio delectat, Abwechslung erfreut! Gerade auch hier! Und es sollte etwas zu gewinnen geben. Das müssen keine Armbanduhren sein – denken Sie daran, so weit es geht, immer das ganze Team zu pushen! Sie wollen ja den Teamspirit und die Motivation aller stärken – das ist mehr als interner Wettbewerb. Tipp: Denken Sie als Incentive respektive Gewinn immer an etwas „Skalierbares". Hier beispielsweise der Grill – mit so viel „drauf", dass sich Ihr komplettes Team schon jetzt über die Einladung freut. Einfach? Stimmt. Aber was einfach ist, das läuft. Zumindest im Vertrieb. Und es muss nicht teuer sein. Es geht um das Signal als solches. Tun Sie das, wenn Sie Erfolg als Führungskraft im Vertrieb haben wollen!

Auch äußere Anlässe wie die Olympischen Spiele oder die Fußball-Weltmeisterschaft lassen sich für interne Wettbewerbe nutzen. Übertragen sie die Spielregeln der WM auf Ihr Vertriebs-Team. Lassen Sie kleinere Gruppen „gegeneinander spielen", tippen Sie auf die Ergebnisse. Durchlaufen Sie den Prozess vom Achtelfinale bis zum Pokal. Diesen überreichen Sie dann dem Siegerteam.

Unabhängig davon, wie der Wettbewerb konkret aussieht: Kommunizieren Sie klare, eindeutige Regeln. Achten Sie darauf, dass jedes Team die Chance hat, zu gewinnen. Setzen Sie realistische Ziele – alles andere führt zu Demotivation.

Incentives und Teamevents

Doch nicht nur Wettbewerbe können die Motivation erhöhen und Begeisterung schaffen. Auch Incentives und Teamevents können zur Umsatzsteigerung beitragen. Sie sind Belohnung und Teamentwicklungs-Maßnahme zugleich. Drücken Anerkennung aus und schaffen ein Schuldkonto bei den Mitarbeitern. Sie haben einen hohen Freizeitcharakter und wirken sie so positiv auf den Teamspirit, die Loyalität und die Motivation aus.

Die Bandbreite möglicher Incentives ist groß. Angefangen von Sport-Events wie einem Ausflug zu einem Formel 1-Rennen über gemeinsames Wasserski bis zu einem gemeinsamen Ballonflug oder einem gemeinsamen Tag auf einem Fischerboot, das gemeinsame Kochen, eine Radtour, gern auch

Segway, oder der Bowlingabend. Alles ist möglich und machbar! Gerade diese Bandbreite macht es so wertvoll: Sie können Ihre Mitarbeiter auch noch beim zweiten oder dritten Mal überraschen. Sie können ein Incentive wählen, das zu der aktuellen Team-Situation passt. Dass darauf ausgerichtet ist, Vertrauen untereinander zu schaffen. Oder Aggressionen durch gemeinsamen Sport abzubauen. Und Erinnerungen an gemeinsame Erlebnisse zu schaffen, die so schnell nicht vergessen werden. UND das ist, wovon Verkäufer lange zehren und was Ihnen hilft, auch Durststrecken besser zu überstehen!

PRAXISTIPP:
Verweigerer integrieren

Ganz gleich, wie gut die Stimmung ist, wie begeistert der Großteil des Teams das Incentive annimmt: Es kann immer wieder vorkommen, dass sich ein Mitarbeiter oder auch eine Gruppe verweigert. Lieber zuschaut als mitmacht. Oder sogar versucht, dass Incentive aktiv zu stören. Hier hilft nur die persönliche Ansprache. Erklären Sie dem Verweigerer, dass das Team ihn braucht – im Büro und beim Incentive. Dass nur gemeinsam das Ziel erreicht, die Aufgabe gelöst werden kann. Bringt das keinen Erfolg, ist es besser, Sie lassen ihn in Ruhe und allein seine Arbeit machen. Es gibt solche Leute überall. Bringen sie gute oder gar sehr gute Ergebnisse, ist „bitte nicht stören" eine gute Entscheidung. Sind die Leistungen dauerhaft schlecht, sollten Sie eine Trennung erwägen!

„Man of the Month" – „Woman of the Term"
Besondere Leistungen verdienen besondere Anerkennung. Beispielsweise durch die monatliche Auszeichnung „Man of the Month", oder die halbjährliche „Woman of the Term", die intern vergeben werden. Je nach Zielsetzung haben Sie hier verschiedene Möglichkeiten:

- Ranking nach Umsatz oder Verkaufszahlen – der/die Top-Verkäufer/in wird ausgezeichnet

- Top-Listen ja! Flop-Listen nein!

- Auszeichnung für das Erreichen kurzfristiger, sehr ambitionierter Ziele

- Auszeichnung für eine besonders kreative oder erfolgreiche Verkaufsstrategie

- Auszeichnung für eine herausragende Leistung, die dem gesamten Team zu Gute kommt – auch wenn sie sich nicht direkt in Verkaufszahlen niederschlägt

Wichtig ist auch hier, dass Sie die Regeln klar und transparent kommunizieren. Nur so vermeiden Sie den Eindruck, dass die Auszeichnung nicht nach Fakten, sondern nach persönlichen Befindlichkeiten vergeben wurde.

PRAXISTIPP:
Lassen Sie Ihre Mitarbeiter entscheiden

Geht es bei den Auszeichnungen „ …of the month" oder „ …of the term" um qualitative Ziele wie Wissenstransfer oder andere Leistungen, die dem gesamten Team zu Gute kommen, aber nicht direkt unmittelbar in Zahlen messbar sind, können Sie Ihr Team in die Award-Entscheidung miteinbeziehen. Nutzen Sie Internet und Social Media, um dabei immer aktuell, schnell und transparent zu sein.

Maßnahmen zur Mitarbeitermotivation und zum Teambuilding gibt es viele. Die Kunst liegt darin, sie zielgerichtet einzusetzen. In der aktuellen Situation die Maßnahme auszuwählen, mit der Sie am besten Ihr Ziel erreichen. Menschen sind meistens „weg von" oder „hin zu" motiviert. Weg vom Schmerz, hin zur Freude!. Dabei ist es hier genauso wie im Privatleben: Je besser Sie die Motivation Ihrer Mitarbeiter kennen, umso leichter lässt sich das geeignete Incentive auswählen. Und das kann sowohl ein „Schmerzen vermeiden, als auch ein Freude erlangen" bedeuten! Je persönlicher und individueller die Anreize sind, umso mehr Wirkung entfalten sie.

Ich möchte mich an dieser Stelle klar für solche Ideen aussprechen. Es gibt Experten und Kollegen, die das anders sehen. Wenn Menschen im Vertrieb arbeiten und das dauerhaft erfolgreich tun wollen, dann gehören Incentives für mich dazu. Menschen halten sich gern in Kreisen Gleichgesinnter auf. Und hier entsteht die Motivation, die Identifikation und am Ende auch die Motivation, dabei zu bleiben und besser durchzuhalten. Dosis sola facit venenum. Die Dosis ist das Gift, sagen die Mediziner. UND das stimmt auch hier.

ÜBERSICHT

Mögliche Maßnahmen des Teambuildings

Zielgruppe	Ziel/Anlass	Incentive/Anreiz
Komplettes Team	allgemeine Maßnahme	Reinigungsservice: Anzüge, Hemden, Kostüme und Blusen werden von der Reinigung abgeholt und gereinigt geliefert
Komplettes Team	allgemeine Maßnahme	Mittagservice: gemeinsames Mittagessen, tägliche Lieferung durch ein Restaurant
Komplettes Team	allgemeine Maßnahme	wiederaufladbare Gutscheinkarte für steuerfreie Sachbezüge
Komplettes Team	allgemeine Maßnahme	Wetten abschließen. Gewinner/Verlierer Prinzip
Komplettes Team	kurzfristige Ziele/Aktionszeiträume	Frühstück in Paris
Komplettes Team	kurzfristige Ziele/Aktionszeiträume	Team-Prämien für Event. Klettertour, Floßfahrt auf der Isar, Iglu bauen

Zielgruppe	Ziel/Anlass	Incentive/Anreiz
Komplettes Team	kurzfristige Ziele/Aktionszeiträume	Incentive-Reisen
Top-Verkäufer	allgemeine Maßnahme	Zusatzprovision, Bargeld für Nebenkosten
Top-Verkäufer	allgemeine Maßnahme	Ehrung der Top 10 im Verkauf am Jahresende mit Party für das gesamte Team
Top-Verkäufer	kurzfristige Ziele/Aktionszeiträume	Executive Coaching
Top-Verkäufer	kurzfristige Ziele/Aktionszeiträume	Hochwertige Sachprämien, die dem Persönlichkeitstyp und den individuellen Interessen entsprechen
Spitzen-Verkäufer	allgemeine Maßnahme	mehrstufige Ziele
Spitzen-Verkäufer	allgemeine Maßnahme	exklusive Weiterbildung
Spitzen-Verkäufer	allgemeine Maßnahme	Zugang zu Vorteilsportal für Mitarbeiter
Spitzen-Verkäufer	allgemeine Maßnahme	Sachprämien, die dem Persönlichkeitstyp und den individuellen Interessen entsprechen
Spitzen-Verkäufer	kurzfristige Ziele/Aktionszeiträume	Mitarbeiterwettbewerbe
Spitzen-Verkäufer	kurzfristige Ziele/Aktionszeiträume	verschiedene Incentives wie Sport-Event etc.
Top 10	allgemeine Maßnahme	Quartalsbonus

Zielgruppe	Ziel/Anlass	Incentive/Anreiz
Top 10	allgemeine Maßnahme	Jahresbonus
Top 10	allgemeine Maßnahme	Sachprämien, die dem Persönlichkeitstyp und den individuellen Interessen entsprechen
Top 10	allgemeine Maßnahme	Ranking „Man of the Month"
Top 10	allgemeine Maßnahme	internes Prämienprogramm mit Sachprämien ausgewählter Marken
Top 10	kurzfristige Ziele/Aktionszeiträume	Mitarbeiterwettbewerbe, Wetten, Winner/Looser Prinzip

Kapitelfazit

**Dies ist für mich aus diesem Kapitel besonders wichtig –
um diese Punkte werde ich mich noch genauer kümmern:**

1) _____

2) _____

3) _____

4) _____

5) _____

   _____

   _____

   _____

VORANGEDACHT

So nutzen Sie das Web 3.0 für die interne Kommunikation im Vertrieb

Ihr Check auf einen Blick

WORUM es in diesem Kapitel geht

WAS ist in diesem Aufgabenbereich zu tun?	Das Web 3.0 ist in den Köpfen der Menschen angekommen. Nutzen Sie die Kommunikationskanäle für Ihre Führungsaufgaben. Helfen Sie Ihren Mitarbeitern, sich im Intranet 3.0 auszutauschen, Wissen zu teilen und so die Leistungen aller zu verbessern. Mit „Intranet 3.0" bezeichne ich hier alle neuen interaktiven, elektronisch gestützten Plattformen zur internen Kommunikation, Prozessorganisation, Kollaboration und Wissenssicherung und Wissenstransfer; diese können lokal, über Mobilfunk oder auch in der Cloud vernetzt sein. Stellen Sie sicher, dass Wissen im Unternehmen bleibt, auch wenn einzelne Mitarbeiter gehen. Denn das hat das Intranet 3.0 mit dem Web gemeinsam: Es vergisst nie. In diesem Fall hier ist das aber ausnahmsweise mal nur von Vorteil …
WARUM ist es zu tun?	Das Web 3.0 – und damit auch das Intranet 3.0 – revolutionieren den Wissens- und Gedankenaustausch. Das bringt Sie und Ihr Team einen gewaltigen Sprung voran. Es kann aber noch mehr: Das Arbeiten an gemeinsamen Projekten wird vereinfacht, das Onboarding von neuen Mitarbeitern schneller, Sie können auf schnell auf relevante Informationen zugreifen und das Intranet 3.0 erfolgreich für Ihre Führung nutzen.
WIE konkret ist es zu tun?	Schaffen Sie Akzeptanz für das Intranet 3.0 – bei Ihren Vorgesetzen, der IT und natürlich bei Ihren Mitarbeitern. Gehen Sie bei der Nutzung als Vorbild voran und zerstreuen Sie Vorbehalte durch positive Beispiele. Nutzen Sie aktiv die Möglichkeiten, die Ihnen das Intranet 3.0 bei Ihren Führungsaufgaben bietet: Zugriff auf relevante Informationen, Verbesserung der operativen Abläufe, Wissensmanagement und Auswahl geeigneter Mitarbeiter für spezielle Projekte.

Ein Team zu führen, zu Bestleistungen zu motivieren und als Führungskraft am Ball zu bleiben, erfordert Kraft, Ausdauer und Motivation. Vor allem bei größeren Teams ist es dabei wichtig, die Fäden in der Hand zu halten. Nur so können Sie effizient führen. Gegensteuern, wenn nötig, und vor allem unterstützen.

Schnelle und transparente Information, Wissenstransfer und Zugriff auf relevante Informationen – diese Faktoren helfen Ihnen dabei, diesen Auftrag zu erfüllen. Bevor Sie sich jetzt fragen, wie Sie das bei einem Team von 10, 20 oder mehr Mitarbeitern sicherstellen können: Es gibt einen Weg. Und der ist einfacher, als Sie denken.

Eine Lösung heißt Social Media. Oder konkreter Social Intranet. Dabei ist es unerheblich, ob Sie eigene Entwicklungen nutzen wie dies beispielsweise Ing DiBa oder die Telekom machen. Oder ob Sie bestehende Lösungen wie sales force, XING oder Facebook in Form geschlossener Gruppen nutzen oder feste Nutzergruppen in Echtzeit-Chat-Diensten wie WhatsApp oder anderen anlegen. Ich weiß von einem großen Verlagshaus, das sich der digitalen Transformation verschrieben hat, und in dem – damit die eigenen Mitarbeiter ständig ihre digitale Kompetenz weiterüben – alle Führungskräfte ihre Teams in festen WhatsApp-Gruppen organisieren. Jeden Morgen findet „dort" die Teamkonferenz statt, denn sein Smartphone hat nun jeder Mitarbeiter wirklich immer dabei. Auch die Tageskommunikation läuft über diese Gruppen, unterstützt durch ein Chat-System, das wichtige Informationen oder Entscheidungen in einem eigenen kleinen Bildschirmfenster anzeigt. Zauberhafter Nebeneffekt: die Flut an unnötigen E-Mails ist extrem ausgetrocknet, die CC-Adressaten-Bomben sind verschwunden – per E-Mail werden nur noch Meeting- oder Diskussionsergebnisse mit längerer Halbwertzeit dokumentiert. Zum Aufatmen praktisch!

Die interaktiven Plattformen bieten Ihnen eine Bandbreite an Möglichkeiten, die Transparenz und den Wissenstransfer zu schaffen, den Sie für erfolgreichen Vertrieb benötigen. Und sie schaffen eine Plattform, auf der Sie in Fast-Echtzeit mit Ihren Mitarbeitern kommunizieren können. Zu zweit, zu dritt oder bei Bedarf gleichzeitig mit allen. Per Textnachricht, im Chat oder via Video. Vor allem eigene Lösungen bieten Ihnen erhebliche Vorteile: Sie können Präsentationen zeigen und diskutieren oder schnell einen Kollegen um Rat fragen. Das Social Intranet holt alle an einen Bildschirm, in ein virtuelles Großraum zurück – ganz gleich, wo Ihre Mitarbeiter oder Sie sich gerade befinden.

Das Web 3.0 gehört zum Alltag

Viele Mitarbeiter haben Social Media bereits für sich entdeckt – zumindest privat. Sie tauschen sich in Social Media mit Freunden, aber auch mit Kollegen aus. Gründen ihre eigenen kleinen geschlossenen Gruppen auf Facebook, um sich untereinander auf dem Laufenden zu halten.

Jeder von uns ist in einem sozialen Netzwerk unterwegs. Schreibt Mails. Chattet mit Freunden. Schaut bei Wikipedia nach. Oder sucht in Foren nach Antworten. Wir haben unser Standardtelefon gegen Smartphones getauscht, mit denen wir ständig online sind. Informationen abrufen. Oder weitergeben.

Aber auch beruflich ist der Klick im Netz selbstverständlich: Wir schauen bei XING und LinkedIn oder Google+, welchen Werdegang der neue Kollege genommen hat. Durchsuchen Ausschreibungsplattformen nach Verkaufschancen. Scannen Branchen- und Fachportale, um neue (internationale) Marktentwicklungen und den Wettbewerb im Auge zu behalten. Stöbern in Einkaufsforen nach Tipps für Anbieter aus Asien. Stellen in XING-Foren Fragen oder beantworten sie. Wir rufen den Speiseplan der Kantine im Intranet ab, statt zum Schwarzen Brett zu laufen – und genau dies können Sie für Ihre Kommunikation mit dem Kunden und auch für ihre Führung nutzen.

Intranet 3.0 – effizienter geht es nicht

Mit dem Social Intranet, dem Intranet 3.0 lassen sich Informationen effizienter verteilen, die operative Arbeit unterstützen und das Gefühl der Zusammengehörigkeit stärken. Das sind große Ziele – aber sie sind erreichbar.

Beispiel Informationsvermittlung: Lange Zeit wurden wichtige Informationen am Schwarzen Brett ausgehängt, per Mail gestreut oder in persönlichen Gesprächen vermittelt. Das findet auch noch heute statt. Hinzugekommen ist jedoch das Intranet der Unternehmen. Hier werden

Hintergrundinformationen hinterlegt. Wichtige Formulare, Arbeitsanweisungen, Organigramme, interne Telefonbücher und natürlich der Speiseplan der Kantine. Quasi als Anreiz, um in den Informations-Friedhof ab und an einmal reinzuschauen.

Das Intranet 3.0 ist mehr als ein virtueller Aktenschrank, der ab und zu entstaubt werden will. Es ist das Social Network für Ihre Mitarbeiter, in dem Informationen in einer völlig neuen Qualität verteilt werden können. Anders als bei der parallelen Verbreitung der Informationen durch E-Mails, Schwarzen Brettern und persönlichen Gesprächen haben Sie nun einen Kanal, um Ihre Botschaft, Ihre Fragen und Aufforderungen zu transportieren. Ob die Botschaft ankommt, hängt nicht mehr davon ab, ob Ihr Mitarbeiter auf dem Weg zur Kantine am Schwarzen Brett vorbeikommt – er hat jederzeit Zugriff auf das Intranet 3.0. Er kann sich benachrichtigen lassen, wenn neue Informationen eingestellt werden. Wenn er in Postings erwähnt wird, weil ein Kollege von ihm Infos wünscht oder hofft, dass er eine Frage beantworten kann.

Gleichzeitig droht kein Overkill durch zu viele Informationen. Denn auch im Social Intranet lassen sich gezielt einzelne Mitarbeiter, bestimmte Teams oder definierte Unternehmensbereiche ansprechen. Für diese Feinheiten stehen rollen- und interessensbasierte Filter, Such- und Benachrichtigungsmechanismen zur Verfügung. Personalisierte Startseiten mit individuellen Informationen fördern die Nutzung des Social Intranets ebenso wie die Möglichkeit, schnell und unbürokratisch Feedback zu geben. Fragen zu beantworten, Präsentationen zu kommentieren oder digitale Inhalte wie Produkt-Videos mit anderen Kollegen zu teilen oder sie Kunden bei Präsentationen vorzuführen. In Gruppenräumen können Teams aus unterschiedlichen Standorten gemeinsam an Präsentationen arbeiten, neue Produkte entwickeln und Verkaufsargumente entwickeln. Und dies ganz gleich, ob sich alle Teammitglieder an einem Ort befinden oder quer über die Welt verstreut sind.

Das Intranet – wie gesagt, hierunter fasse ich alle elektronischen Systeme, die zur internen Kommunikation, Prozessorganisation und Wissensweitergabe geeignet sind, ist kein Selbstläufer. Auch hier sind Sie als Vorbild gefragt. Nutzen Sie die Funktionen, fordern Sie Kommentare ein. Und achten Sie darauf, ob und wie Ihre Mitarbeiter das Angebot nutzen. Diese Messkriterien helfen Ihnen dabei:

- Anzahl der Zugriffe auf das Intranet

- Durchschnittliche Verweildauer auf der individuellen Startseite und auf weiteren Seiten

- Anzahl der eingestellten Beiträge und Dokumente

- Beteiligung an Diskussionen

- Zahl der im Intranet eingestellten Projekte

- Durchschnittliche Zeitspanne zwischen Fragen und Antworten/ Beiträgen und Kommentaren

- Mitarbeiterbefragung zum Social Intranet

Nun ist Informationsweitergabe kein Selbstzweck. Im Gegenteil: Jede Information soll bei ihrem Empfänger etwas bezwecken, eine Handlung auslösen. Ihn in die Situation versetzen, eine Aufgabe besser oder schneller zu lösen. Genauso ist es auch beim Intranet 3.0: Neue Mitarbeiter können sich schneller einarbeiten, sich über aktuelle Stati in den Projekten informieren, schneller Ansprechpartner für bestimmte Fragen stellen und sich ohne großen Aufwand intern vernetzen. Dies beschleunigt den Onboarding-Prozess enorm.

Diese Vorteile beschleunigen auch andere operative Prozesse: Informationen und Wissen werden schneller ausgetauscht, Entscheidungen damit schneller getroffen. Übergreifende Teams können schneller und unkomplizierter zusammenarbeiten, ohne dass sich einzelne Teammitglieder durch einen Wust von für sie unrelevante Informationen kämpfen müssen. Dazu gibt es beispielsweise die personalisierten Startseiten.

Ein nicht zu unterschätzender Vorteil des Intranets 3.0 ist die emotionale Bindung der Mitarbeiter an das Unternehmen, an Ihre Abteilung. Das digitale Großraumbüro, der schnelle Kontakt zu anderen im Team, im Unternehmen stärkt das Zusammengehörigkeitsgefühl mehr als E-Mails und Telefon gemeinsam. Das hat verschiedene Faktoren: Projektfortschritte werden gemeinsam erlebbar. Man lernt Kollegen besser kennen – durch die Art, wann sie antworten, wie sie antworten und worauf sie antworten. Videos mit kurzen Ansprachen von Ihnen oder aber auch Interviews von zwei bis drei Minuten Dauer zu aktuellen Situationen im Unternehmen, können Change-Situationen Schärfe nehmen und Hintergründe erläutern. Und das viel persönlicher und näher an den Mitarbeitern als jedes Announcement.

Möglicherweise lernen auch Sie durch die hinterlegten Profile völlig neue Talente oder nicht abgerufenes Wissen bei Ihren Mitarbeitern kennen. Zudem bekommen Telefonstimmen ein Bild, ein Profil. Aus dem sich vielleicht Anknüpfungspunkte für ein persönliches Gespräch, ein neues Projekt ergeben.

Vor allem aber: Mitarbeiter fühlen sich nicht mehr allein. Sie erfahren, dass sie bei Fragen Antworten bekommen. Dass andere für ihr aktuelles Problem bereits eine erprobte Lösung haben.

Intranet 3.0 und Führung

Soweit die Vorteile für die Mitarbeiter. Doch was heißt das für Sie – als Führungskraft? Wo liegen die Vorteile des Intranet 3.0? Mit welchen Vorbehalten müssen Sie rechnen? Und wie können Sie diese entkräften?

Praktisch ist natürlich die vereinfachte Verteilung von Informationen an Ihr Team, Ihre einzelnen Mitarbeiter. Das Social Intranet darauf zu reduzieren, wäre jedoch fatal. Denn auch für Sie als Führungskraft ist das Intranet 3.0 keine Einbahnstraße. Im Gegenteil: Sie haben schnellen und zuverlässigen Zugriff auf aktuelle Projektstati, Protokolle und – sofern freigegeben – den Terminkalender Ihrer Mitarbeiter. Mit anderen Worten: Sie haben jederzeit Zugriff auf die für Sie relevanten Informationen, ohne sie aktiv bei den Mitarbeitern einfordern zu müssen.

Genau dies schreckt viele Mitarbeiter jedoch ab: Sie können nicht mehr steuern, wann ihr Chef welche Informationen erhält. Ihre Leistungen werden transparent, nachvollziehbar. Ebenso wie ihr Beitrag zu bestimmten Problemlösungen. Die Kreativität bei Produktentwicklungen. Hier hilft nur Vertrauen – das Vertrauen in Sie als Führungskraft, dass es Ihnen nicht um die Überwachung Ihrer Mitarbeiter geht, sondern um den gemeinsamen Erfolg.

Der Blick über die Schulter kann aber auch dann unangenehm sein, wenn er vom Kollegen kommt. Vom internen Wettbewerber im Kampf um den „Man oft he Month", den Umsatzkönig. Auch hier liegt es an Ihnen, gegenzusteuern. Den gemeinsamen Nutzen, die Vorteile zu betonen. Kollegen, die das Intranet 3.0 nutzen, Ihre Wertschätzung zeigen. Und beim „Man oft he Month" vielleicht eine weitere Kategorie einzuführen – den „Colleague of the month".

Machen Sie Ihren Mitarbeitern klar, dass Sie für das nächste übergreifende Projekt das Team anhand der im Intranet 3.0 hinterlegten Profile auswerten. Dass dort die Ausschreibungen hinterlegt sind, auf die sich Ihre Vertriebsexperten bewerben können. Schaffen Sie interne Anreize, regelmäßig in das Intranet zu schauen – durch aktuelle Informationen. Beispielsweise zur Marktentwicklung, Informationen über die größten Wettbewerber, aktuelle Trends, die Ihren Mitarbeitern als Verkaufsargument dienen können.

Ebenso ersetzen Webinare heute vielfach die Telefonkonferenzen. Wir haben durch diese Technik schlicht einen Kanal für die Kommunikation mehr. Wir können Dinge zeigen, können besser und effizienter kommunizieren. Wir erreichen die Mannschaft schnell und kostengünstig. In manchen Trainingsprojekten, wir nennen das Training 3.0, setzen wir bereits Webinare erfolgreich ein. Das Lernen und Verändern und damit auch das Verbessern von Ergebnissen ist so effizienter umsetzbar geworden.

PRAXISTIPP:

Nutzen Sie das Intranet 3.0 als Führungsinstrument

Diese Vorteile bietet Ihnen das Intranet 3.0 als Führungskraft:

- Zugriff auf relevante Informationen wie Projektstati, Arbeitsberichte, Protokolle von Kundenbesuchen etc.

- Zugriff auf Terminplanung der Mitarbeiter, ggfs. mit der Möglichkeit, eigene Notizen und Bemerkungen hinzuzufügen

- schneller Dialog in Fast-Echtzeit mit einzelnen Mitarbeiter oder dem Team

- schnelleres Onboarding von Mitarbeitern

- von Mitarbeitern gepflegte Profile geben Auskunft über Wissen, Erfahrungen etc.

- beschleunigte interne Prozesse durch bessere Vernetzung der Mitarbeiter und besseren Wissenstransfer

Und jetzt: Formulare und Checklisten runterladen – und los in die Umsetzung!

Für Ihre Fragen an mich als Trainer, Speaker und Vertriebsleitercoach für Führung im Vertrieb bin ich da: a.buhr@buhr-team.com

Sie haben jetzt alle Grundinstrumente, Ihren Vertrieb erfolgreich weiter auszubauen. Jetzt kommt es auf Sie an – auf Ihr Engagement und Ihr Herzblut!

MEIN PLAN

Diese Ideen möchte ich sofort umsetzen

1) _Formulare und Checklisten runterladen_

2) _____

3) _____

4) _____

5) _____

6) _____

7) _____

8) _____

9) _____

_____

_____

_____

_____

_____

_____

_____

_____

LITERATURVERZEICHNIS

Belz, Christian: Stark im Vertrieb. Die 11 Hebel für ein schlagkräftiges Verkaufsmanagement. Schäffer-Poeschel Verlag für Wirtschaft – Steuern – Recht GmbH, 2013

Binckebanck, Lars / Hölter, Ann-Kristin / Tiffert, Alexander (Hrsg.): Führung von Vertriebsorganisationen. Strategie – Koordination – Umsetzung. Springer Gabler, 2013

Buhr, Andreas: Agiere. Schritte zur Kraft des Handelns. Orell Füssli, 2005

Buhr, Andreas / Müller, Wolfgang: go! Die Kunst das Leben zu meistern. go! LiveVerlag, 2008, 2. Aufl.

Buhr, Andreas: Die Umsatz-Maschine. Wie Sie mit VertriebsIntelligenz® Umsätze steigern. Gabal Verlag, 2006, 3. Aufl.

Buhr, Andreas: Machen statt meckern! Mit ©lean leadership zu mehr Erfolg in wirtschaftlich schwieriger Zeit. go! LiveVerlag, 2009, 3. Aufl.

Buhr, Andreas: Vermittler trifft Kunde. Strategien für ein typgerechtes Verkaufsgespräch. LexisNexis, 2010, 2. Aufl. WoltersKluwer, 2012

Buhr, A. et al. (Hrsg): Das Sales-Master-Training: Ihr Expertenprogramm für Spitzenleistungen im Verkauf. Gabler, 2010, 2. erg. Aufl.

Buhr, Andreas: Finanzvertrieb geht heute anders. Neue Wege für erfolgreiche Vermittler. Wolters Kluwer, 2013

Buhr, Andreas: Vertrieb geht heute anders. Wie Sie den Kunden 3.0 begeistern. Gabal Verlag, 2011, 5. Aufl.

Buhr, Andreas: Vertriebsintelligentes Recruiting So werden Sie unwiderstehlich für neue Vertriebspartner. In: Kleinhenz, Susanne (Hrsg.): Erfolg-Reich-Sein in der Zukunft. Edition live-academy, 2010

Dannenberg, Holger / Zupancic, Dirk: Excellence in Sales: Optimising Customer and Sales Management, Gabler / Mercuri, 2008

Dannenberg, Holger / Zupancic, Dirk: Spitzenleistungen im Vertrieb: Optimierungen im Vertriebs- und Kundenmanagement. Gabler / Mercuri, 2007

Dietze, Ulrich / Mannigel, Christian: TQS Total Quality Selling: Der nachvollziehbare Weg zu überdurchschnittlichem Verkaufserfolg. Gabal, 2011

Drucker, Peter F.: The Effective Executive: The Definitive Guide to Getting the Right Things Done. HarperBusiness. 2006, überarb. Aufl.

Drucker, Peter F.: Was ist Management: Das Beste aus 50 Jahren. Econ, 2002

Fink, Klaus-J.: Empfehlungsmarketing. Königsweg der Neukunden-gewinnung. SpringerGabler, 2013, 5. Aufl.

Gierke, Christiane: Das ist ja'ne Marke! Bekannter, beliebter und erfolgreicher mit Persönlichkeitsmarketing®. Gabal, 2012

Goleman, Daniel / Boyatzis, Richard / Mc Kee, Annie: Emotionale Führung. Ullstein, 2003

Guttenberger, Ralph: Punktlandung im Vertrieb. Wie Sie den Kunden zielsicher zum Abschluss führen. Wiley, 2014

Heinrich, Stephan: Verkaufen an Top-Entscheider. Wie Sie mit VisionSelling Gewinn bringende Geschäfte in der Chefetage abschließen. SpringerGabler, 2013, 3., überarb. u. erw. Aufl

Langhoff, Lutz: Die Kunst des Feuermachens. Motiviert leben, unternehmerisch denken, tatkräftig handeln. Gabal, 2014

Limbeck, Martin: Das neue Hardselling: Verkaufen heißt verkaufen. SpringerGabler, 2012, 5. Aufl.

Malik, Fredmund: Führen Leisten Leben: Wirksames Management für eine neue Zeit. Campus, 2006

Neuberger, Oswald: Führen und führen lassen: Ansätze, Ergebnisse und Kritik der Führungsforschung. UTB, 2002

Pinnow, Daniel F.: Führen: Worauf es wirklich ankommt. SpringerGabler, 2012

Ritter, Steffen: Verkaufen kann von selbst laufen. Wie Topverkäufer mit System mehr Umsatz erzielen. Gabal, 2014

Scheel, Alexander / Steinmetz, Heike: Erfolgreiche Personalsuche im Social Web. Data Becker, 2012

Scheelen, Frank / Christiani, Alexander: Stärken stärken. Talente entdecken, entwickeln und einsetzen. Redline, 2013 überarb. Aufl.

Simon, Hermann: Preisheiten: Alles, was Sie über Preise wissen müssen. Campus, 2013

Taxis, Tim: Heiß auf Kaltakquise: So vervielfachen Sie Ihre Erfolgsquote am Telefon. Haufe, 2012, 2. Aufl.

Wickinghoff, Heinrich / Dietze, Ulrich: Führung im Vertrieb. Mit der richtigen Führung zu besseren Vertriebsergebnissen. Gabal Verlag, 2014

Winkelmann, Peter: Vertriebskonzeption und Vertriebssteuerung: Die Instrumente des integrierten Kundenmanagements. Vahlen, 2012 5. vollst. überarb. Aufl.

Zenger, John H. / Folkman, Joseph R.: The Extraordinary Leader. Turning good Managers into great Leaders. Mc Graw Hill, 2009

Zupancic, Dirk et.al: Best Practice im Key Account Management. mi-Wirtschaftsbuch (Mercuri / Universität St. Gallen), 2005

Websites

Dirks & Diercks Rechtsanwälte Partnerschaftsgesellschaft:
www.socialmediarecht.de

GALLUP:
http://www.gallup.com/strategicconsulting/160349/gallup-studien.aspx

reimus.NET GmbH:
www.controllingportal.de

Trendence Institut:
http://www.trendence.com/unternehmen/rankings/germany.html

Wolf, Frank: besser 2.0, Blog:
http://besser20.de

Studien und Whitepapers

Bundesverband Informationswirtschaft Telekommunikation und neue Medien e. V. BITKOM, Vertriebskennzahlen für ITK-Unternehmen – Leitfaden Vertriebs-Measurement, Berlin, o.J.

Der Kunde entscheidet mit. IBM Institute for Business Value, o.O., 2014

Die Wirtschaftslage im deutschen Interaktiven Handel B2C 2011/2012. Boniversum Consumer Information, o.O., 2012

Engaging the 21st century workforce. Global Human Capital Trends 2014. Deloitte, 2014

Ketchum Leadership Communication Monitor, Mai 2014; dokumentiert unter: http://www.ketchum.com/leadership-communication-monitor-2014

Kompetenzmanagement-Studie 2013. Scheelen AG, Waldshut-Tiengen, 2013

Künftige Arbeitswelt: Führungskräfte müssen umdenken!. Think!Tank, 2/2013, o.O., 2013

„Most wanted" 2013 Arbeitgeberstudie. e-fellows.net, o.O., 2013

Omni-Chanel Commerce in Deutschland, PAC Pierre Audoin Consultants, o.O., 2014

Projektbericht: Forschungsprojekt VertriebsIntelligenz® 2010 (Teil I). Schmäh, Marco: ESB Business School Reutlingen Universität/go! Akademie für Führung und Vertrieb AG

Sales Performance. Cegos Gruppe, Witten, 2010

Zenger / Folkman / Edinger: Leadership under the Microscope. Zenger | Folkman, Orem/UT, 2013

Zenger / Folkman /Edinger: Wie außergewöhnliche Führungskräfte Gewinne verdoppeln: Der Zusammenhang zwischen Führungsqualität und Unternehmenserfolg. Dt. Fassung des Whitepapers „Double your profit" erschienen bei Scheelen AG, Waldshut-Tiengen, 2014

STICHWORTVERZEICHNIS

A

B

C

D

E

F

G

M

N

O

P

Q

R

V

W

X

Z

Der Autor: Andreas Buhr

Andreas Buhr (CSP) ist der Experte für Führung im Vertrieb.

Der erfolgreiche Unternehmer ist Gründer und Vorstand der Buhr & Team Akademie für Führung und Vertrieb mit Stammsitz in Düsseldorf, die europaweit mittelständische und große Unternehmen sowie internationale Konzerne in Führung und Vertrieb trainiert.

Von Unternehmen wie Kongressen wird der mehrfach ausgezeichnete Speaker als Keynoter und renommierter Vortragsredner gebucht. Bekannt ist Andreas Buhr auch als Trainer, Herausgeber des „Magazin für Business & Bildung" und als Autor einiger Bestseller in den Bereichen Führung und Vertrieb (u. a.: „Vertrieb geht heute anders", „Machen statt meckern!", „Die Umsatz-Maschine", „Agiere", „Vermittler trifft Kunde").

Die Orientierung an klassischen ethischen Werten in der Führung von Unternehmen und Vertriebsmannschaften steht im Zentrum der Arbeit und vieler Veröffentlichungen von Andreas Buhr – denn bei aller Umsatzorientierung gilt: Wertschätzung bringt Wertschöpfung.

Er ist Sprecher der Wirtschafts-Weiterbildungsinitiative WIR SIND UMSATZ® (**www.wir-sind-umsatz.de**), die mit dem 24-Stunden-Charity-Bildungsmarathon seit Jahren für Furore sorgt. Ziel der Initiative: Business-Bildung jedem ohne Hemmschwellen zugänglich machen – und gleichzeitig anderen helfen.

Andreas Buhr ist außerdem Mitveranstalter und einer der SALESLEADERS® (**www.salesleaders.de**), die mit ihren Vertriebskongressen und Teilnehmern aus Unternehmen und Wirtschaft große Hallen füllen. Und er ist amtierender Präsident der German Speakers Association (GSA), dem nach den USA größten Verband professioneller Vortragsredner weltweit.

Darüber hinaus ist Andreas Buhr Lehrbeauftragter an mehreren Hochschulen in Deutschland und der Schweiz.

Der begeisterte Sportler ist mehrfacher Finisher des NYC Marathons, Skilehrer und spielt Golf. Andreas Buhr lebt mit seiner Familie in Düsseldorf, ist verheiratet und hat zwei Söhne.

Transparente Führung 3.0 ist ihm wichtig – und so erreichen Sie als Leser dieses Buches Andreas Buhr persönlich unter seiner E-Mail-Adresse und auch in den Social Media unter den angegebenen Links.

a.buhr@buhr-team.com
www.buhr-team.com

Facebook https://www.facebook.com/pages/Andreas-Buhr/216802705016906

Twitter https://twitter.com/AndreasBuhr

YouTube https://www.youtube.com/user/AndreasBuhr357

Linked In https://www.linkedin.com/pub/andreas-buhr/10/3a1/816/de

Xing https://www.xing.com/profile/Andreas_Buhr

Amazon http://www.amazon.de/Andreas-Buhr/e/B0045A8RMY/

Wikipedia http://de.wikipedia.org/wiki/Andreas_Buhr

Google+ https://plus.google.com/108399923580808531130/posts

Vertrieb geht heute anders

Kunden warten heute nicht mehr auf neue Produkte, sie möchten sie mitgestalten. Und sie geben mit ihrer Kaufentscheidung ein Statement über ihre Wertewelt ab. Die Zeiten, in denen Produkte handfeste Bedürfnisse erfüllen, sind damit vorbei. Das erfordert ein massives Umdenken im Vertrieb. Andreas Buhr zeigt, wie ein solches Umdenken stattfinden kann.

Auf Grundlage einer umfassenden Umfrage der ESB Business School Reutlingen und der go! Akademie für Führung und Vertrieb AG beleuchtet er die heutigen Anforderungen an Verkauf und Vertrieb und entwickelt klare Strategien und Tipps, den Kunden 3.0 zu gewinnen. Hörbuch und Buch sind ergänzt durch neueste wissenschaftliche Erkenntnisse.

Buhr, Andreas: **Vertrieb geht heute anders. Wie Sie den Kunden 3.0 begeistern.**
Buch: Gabal, 5. Aufl., ISBN: 978-3869362304, 29,90 EUR
Hörbuch: Gabal ASIN: B00H8X2JJW, 6 CDs im Case: 39,90 EUR
auch als Hörbuch-Download bei amazon: 26,02 EUR

Machen statt meckern!

Top-Speaker und Unternehmer Andreas Buhr stellt in diesem Buch klar, wie wichtig Motivation und Werte wie Zuverlässigkeit, Authentizität und Nachhaltigkeit sind. Denn sie sind die Basis für wertvolle, saubere Führung.

Werte machen wert! Die lockere Schreibe und anschauliche Beispiele haben schon tausende Leser überzeugt – schon in der 5. Auflage ist es DAS Buch für Unternehmer, Manager und Vertriebsleiter, die nicht jammern, sondern was bewegen wollen.

Buhr, Andreas: **Machen statt meckern!**
Mit ©lean leadership zu mehr Erfolg in wirtschaftlich schwieriger Zeit.
Buch: go! LiveVerlag, 5. Aufl.
ISBN: 9783981216141, 14,90 EUR

Magazin für Business & Bildung

Das Magazin für Business & Bildung bringt seit Jahren spannende Storys aus Wirtschaft und Wissenschaft, Interviews mit Persönlichkeiten, die wirklich was bewegen und Hintergrundwissen renommierter Vortragsredner, Dozenten und Autoren.

ISSN: 219332812901221

Z. Zt. 6,00 EUR/Ausgabe. Im Abonnement kostenfrei als Online-Magazin und PDF-Zeitschrift

Unternehmens-Trainings für Führung im Vertrieb und Weiterbildungen für Vertriebsleiter!

- Trainings zu allen Aspekten von Führung und Vertrieb,
- Inhouse-Vertriebstrainings und
- motivierende Experten-Vorträge von Andreas Buhr sowie
- die renommierten Train-the-Trainer-Ausbildungsprogramme

erhalten Sie direkt bei der Buhr & Team Akademie für Führung und Vertrieb: **0211 - 9 66 66 45.** Einfach nachfragen und unverbindlich sowie kostenfrei beraten lassen!

Weitere Top-Angebote finden Sie in unserem Online-Shop:

http://shop.buhr-team.com/